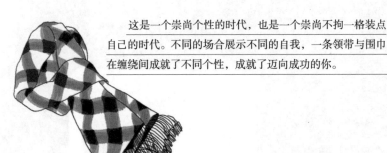

　　这是一个崇尚个性的时代，也是一个崇尚不拘一格装点自己的时代。不同的场合展示不同的自我，一条领带与围巾在缠绕间成就了不同个性，成就了迈向成功的你。

从得体到有型　从优秀到卓越

百变领带与围巾系法

魏倩　主编

中国华侨出版社
北京

图书在版编目（CIP）数据

百变领带与围巾系法 / 魏倩主编.—北京：中国华侨出版社，2012.8（2021.2重印）

ISBN 978-7-5113-2846-5

Ⅰ.①百… Ⅱ.①魏… Ⅲ.①领带—服饰美学② 围巾—服饰美学
Ⅳ.①TS941.72

中国版本图书馆CIP数据核字（2012）第199554号

百变领带与围巾系法

主　　编：魏　倩
责任编辑：一　世
封面设计：冬　凡
文字编辑：刘晓菲
美术编辑：潘　松
图片绘制：王　辰
经　　销：新华书店
开　　本：720mm×1020mm　　1/16　　印张：9　　字数：156千字
印　　刷：三河市华成印务有限公司
版　　次：2012年10月第1版　　2021年2月第2次印刷
书　　号：ISBN 978-7-5113-2846-5
定　　价：35.00元

中国华侨出版社　北京市朝阳区西坝河东里 77 号楼底商 5 号　邮编：100028
法律顾问：陈鹰律师事务所
发 行 部：（010）88893001　　　传　　真：（010）62707370
网　　址：www.oveaschin.com　　E－mail：oveaschin@sina.com

如果发现印装质量问题，影响阅读，请与印刷厂联系调换。

前　言

　　根据美国心理学家梅拉宾的说法：第一印象的好坏是在见面后 6 秒内决定的。人所获得的信息八成来自于视觉，而其中有 80% 左右由服饰决定。因此，也可以说，服饰是人们交流中必不可少的工具。穿衣风格总是向外界传递一种声音，一个信息，好的服饰搭配可以让你事半功倍。无论是在工作的竞争中，还是爱情的角逐里，男人都需要用服饰来包装自己。

　　男人需要用色彩来装扮自己，但色彩过多会让男人变得脂粉；男人需要灵动，但繁复的灵动会让男人失去阳刚之气，于是色彩丰富而又亮丽的领带和款式多变而又灵动的围巾被男人视为最出彩、最张扬的饰物。领带永远是起主导作用的，因为它是服饰中最抢眼的部分。它不仅能够丰富层次感，更能从色调和整体风格上予以烘托，是跻身优质型男的必备单品。

　　一些有身份和威望的人，他们的外在条件往往很一般，但是他们无论走到哪里都是焦点，这是为什么呢？显然，这就是气场。而男人气场的魅力并不完全来自面孔或身材，更多地来自精神与气质。领带搭配就是这样一门能够让你提升气质的学问，若搭配不妥，有可能破坏整体的气质，但是如果搭配得巧妙，则能抓住众人的眼光，而且显得自己别出心裁。

　　一个男人的衣橱里可以只有一套西装，却绝不可以只有一条领带；一个男人的衣橱里罗列着质地、色彩各异的领带，却没有几条彰显品味和气质的围巾，那将是一大憾事。电视剧《男人帮》在热播的时候，网上及实体商城的围巾出现前所未有的热卖。由此可见，围巾的系戴再也不是女士的专利，一条时尚优雅的围巾加上与之相匹配的打法，雅致和品味使得男人超凡脱俗。

　　要想让领带和围巾呈现出最佳的表现力，除了其本身的质地、款式和花纹外，还与不同场合的不同系法有关。那么，衬衫与领带该怎样搭配？如何根据自己的肤色和体形搭配服饰？怎样挑选领带颜色增强自己的气场？如何根据着装搭配系戴围巾？领带和围巾究竟有多少种系法？你搭配的服饰与工作、职位是否相称？……这些问题，本书都将一一为你作答。

　　本书专注男士的服饰搭配——尤以服饰的最佳拍档领带和围巾为突破口，介绍了领带和围巾的各种系戴方法。书中不但介绍较规范的各种常见系法，还介绍了一些时尚个性结的演变系法，并对各种系法进行了分步详解，图文并茂，简单易懂，让你轻松愉快地享受各种系法带来的乐趣。同时传授一些实用的小知识和小技巧，提供应对不同场合的实用装扮技法，让你收放自如，尽显个人魅力。它必将成为你生活中安全可靠的置衣顾问。

　　这是一个崇尚个性的时代，也是一个崇尚不拘一格装点自己的时代。不同的场合展示不同的自我，一条领带与围巾在缠绕间成就了不同个性，成就了迈向成功的你。

目　录

第一章　领带入门知识全攻略

第二章　领带打法实例讲解

第三章 领带的基本搭配原则

第四章　根据肤色、脸型和身材找到合适领带

第八章 领带的清洗与保养

第九章 男士围巾的系法与搭配

第一章

领带入门知识全攻略

领带的起源

领带保护说

领带最早起源于日耳曼，日耳曼人居住在深山老林里，茹毛饮血，披着兽皮取暖御寒，为了不让兽皮掉下来，他们把草绳扎在脖子上，绑住兽皮。这样一来，风就不能从颈间吹进去，既保暖又防风。后来他们脖子上的草绳被西方人发现，逐步完善成了领带。还有人认为领带起源于海边的渔民，渔民到海里打鱼，因为海上风大，渔民就在脖子上系上一条带子，防风保暖，渐渐地带子成了一种装饰。保护人体以适应当时的地理环境和气候条件，是领带产生的一个客观因素，这种草绳、带子便是最原始的领带了。

另一种人认为领带起源于英国男子衣领下的专供男子擦嘴的布。工业革命前，英国也是个落后国家，吃肉用手抓，然后大块地捧到嘴边去啃，成年男子又流行络腮胡子，吃大块肉很容易把胡子弄得油腻，男人们就用袖子去擦。为了对付男人这不爱干净的行为，妇女们在男人的衣领下挂了一块布专供他们擦嘴，久而久之，衣领下面的这块布就成了英国男式上衣传统的附属物。工业革命后，英国发展成为一个发达的资本主义国家，人们对衣食住行都很讲究，挂在衣领下的布发展成了领带。

还有种传说领带是罗马帝国时代，军队为了防寒、防尘等实用目的而使用的。军队去前线打仗，妻子为丈夫、朋友为朋友把类似丝巾的方巾挂在他们的脖子上，在战争中用来包扎、止血。到后来，为了区分士兵、连队，采用了不同花色的领巾，进而演变发展到今日，成为职业服装的必需品。

领带装饰说

17世纪中叶，法国军队中一支克罗地亚骑兵凯旋巴黎。他们身着威武的制服，脖领上系着一条布带，颜色各式各样，非常好看，骑在马上显得十分精神、威风。巴黎一些爱赶时髦的纨绔子弟看了，备感兴奋，竞相仿效，也在自己的衣领上系上一条围巾。有一天，有位大臣上朝，在脖领上系了一条白色围巾，还在前面打了一个漂亮的领结，国王路易十四见了大加赞赏，当众宣布领结为高贵的标志，并下令上流人士都要如此打扮。

路易十四在巴黎检阅克罗地亚雇佣军，雇佣军官兵的衣领上系着的布带，这就是史料记载的最早的领带。领带的历史由此开始了。

从此，服饰文化史上就盛开着一朵经久不衰且璀璨耀目的奇葩。

1870年左右，人们开始穿西装，领带成为时尚，一种与西装搭配而不可缺少的装饰物。

19世纪末，领带传入美国。美国人发明了细绳领带（或称牛仔领带），黑色的细绳领带是19世纪美国西部、南部绅士的典型配饰。后来又出现了一种以滑动金属环固定的细绳领带，称为保罗领带。

现在流行的领带基本沿袭19世纪末的条状款式，45度角斜向裁剪，内夹衬布、里子绸，长宽有一定的标准，色彩图案多种多样。

经过几个世纪的演变发展，随着文明程度的提高，领带也越来越讲究艺术与做工，从款式、色彩上趋向更加完美。

领带演变说

领带的产生和发展同17世纪欧洲的男子服装的变化有着十分密切的联系。17世纪的欧洲男子穿紧身衣，戴耳环，穿花皱领衬衣，高高卷起的发型上面戴一顶小帽，敬礼时用一个有流苏的小棒把它举起。衬衣当作内衣穿在里边，衣领上绣着美丽的荷叶边并且折叠成花环状。衬衣外是一件背心，然后披上短外套，下身穿着长统袜和紧身马裤。这种追求华丽、讲究奢侈的服装在当时贵族中最时髦。它带有女性风格的娇艳和柔弱，是"洛可可"风格的典型男服。

直到 18 世纪，法国资产阶级革命宣告了宫廷贵族生活的终结，男人放弃了华丽服装，改换成简单朴素的装束。那时流行类似燕尾服式样的帝国式服装：上衣高腰节，裙摆自然下垂，大领口加灯笼袖，胸部以下略有装束。华丽的衬衣领子没有了，代之以襞领，襞领前系黑丝领带或系领结。领带呈领巾状，用白麻、棉布、丝绸等制作，在脖子上围两圈，在领前交叉一下，然后垂下来，也有打成蝴蝶结状的。

1850 年左右，西装被采用。到 1870 年左右，人们都开始穿西装了，领带成为时尚，一种与西装搭配而不可缺少的装饰物。

根据一些服饰专家的分析，领带正好像胸衣、裙子一样展现了人们的性别特征，象征着富有理性的责任感，体现了一个严肃守法的精神世界，而这恰恰是当时男性们所刻意追求的。

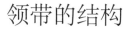

领带的结构

　　领带是上装领部的服饰配件，系在衬衣领子上并在胸前打结，领带通常与西装搭配使用，是人们（特别是男士们）日常生活中最基本的服饰品。领带按花色主要包括素色领带、印花领带和绣花领带等。领带是采用在面料上斜裁的裁剪方式和上等的衬里加工而成的。领带的面料主要以丝织物、棉织物、化纤织物为主。领带的生产方式有织花、印花、绣花、编织、手绘等。领带的系戴方法通常是打活结，领带的下摆自然垂直并交搭于胸前。

领带的表面结构

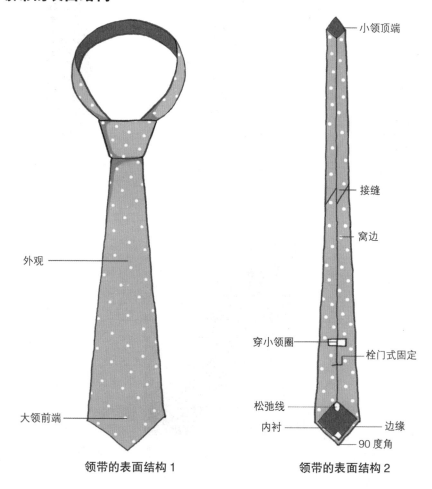

领带的表面结构 1　　　　　**领带的表面结构 2**

领带的内面结构

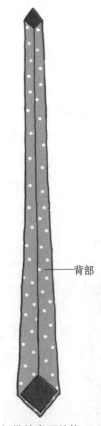

领带的内面结构 1

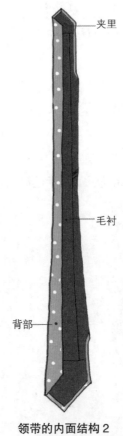

领带的内面结构 2

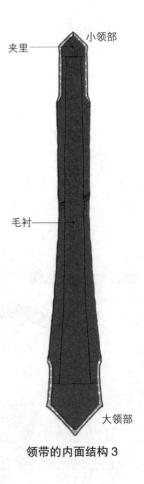

领带的内面结构 3

领带的面料斜排

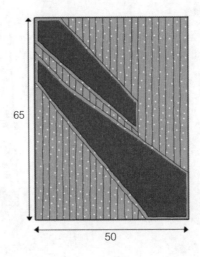

领带的面料斜排

领带的分类与面料

领带是衣着品味最直接的体现，尽管系好的领带看起来都差不多，但它的色泽、长短、宽窄、质地却决定着整体的效果和品位。与服装一样，领带也具备时尚与潮流的特征，为自己选择一条合适的领带，是每个男士的尊贵权利。

从大领的样式上，可将领带分为以下几种。

箭头型领带

领带中最基本的样式便是箭头型领带了，它的采用也最为普遍。表面一般用绸料裁制，内衬为毛料，故而具有弹性，且不易褶皱。箭头型领带的大领和小领头部都呈三角形的箭头状，因而被称作箭头型领带。有织花和印花两种图案，这类图案的领带使用范围较广。

斜头型领带

斜头型领带是领带的一种变化样式，它的大领头部较常规领带略短窄，这类领带多见于女式领带，斜度一般在 60 度或 60 度以上。

平头型领带

平头型领带也是领带的一种变化样式，它的大领头部是齐的，整体造型比箭头型领带略短窄，大多是以素色或提花的针织物直接织成。

线环领带

环线领带又被称作丝绳领带。用一根带颜色的丝绳在衣领中环绕，穿过正前方的金属套口即可。套口的制作较为精致，上面雕有花纹。环线领带简单方便，系用后显得轻松活泼。

西部式领带

西部式领带又被称作缎带领结。用缎带在衣领下前方中间系成蝴蝶结状，称为蝴蝶结式的装饰领带。一般缎带颜色为黑色或紫红色。

片状领带

片状领带可以说是最经典的领带样式，用两层绸料缝合而成。片状领带较短，系用时大领和小领交叠，中间用领带针固定，色彩则以黑色为主。现今已经很少有人使用。

巾状领带

巾状领带是传统领带的一种样式，它的样式和风格与少先队员系用的红领巾相似，用绸料制成。

宽型领带

宽型领带在国外称为 ASCOT 领带。此种领带和系围巾一样，使用时不需系结。在欧美国家原本是作为新郎白天正式礼服一起配套使用。不过近年来，这种时尚另类的打法是年轻人讲究打扮的一种体现。

翼状领带

翼状领带结，简称领结。一般分两类，蝴蝶结和小领结。蝴蝶结由小领结发展而来，比小领结大，结成后像只展翅欲飞的蝴蝶，故此得名。小领结主要用于穿礼服，有黑白两色，白领结只配穿燕尾服；黑领结则用于配穿小礼服及礼服变种。

领带的图案与面料

纯色领带

纯色领带也叫单色领带，单一的颜色且没有花纹，是最普通的领带。纯色领带的特点是可以和任何花色、款式的衬衣及西装搭配。不论是条纹类西装、衬衣，还是大花类的衬衣，纯色领带都是最稳妥的选择。

织纹领带

由针织结构形成的领带图案即是织纹领带。

斜纹领带

斜纹领带源自英国军团制服及俱乐部所使用的花纹。斜纹是领带图案中的主要构成部分，使得领带富有动感效果。英国式条纹左上右下，美国式条纹则右上左下。

格子领带

格子领带主要以细格图案为主，体现稳定和恬静。

圆点领带

顾名思义，圆点领带是由重复有序的圆点排列构成的图案的领带。圆点领带是较为传统的类型。圆点越小，感觉越雅致，更适合商务场合；稍大的圆点会显得活泼，适于休闲的场所。

艺术领带

艺术领带的花型是用具象和抽象的图案组合而成，形式不拘一格，现代感强。

伯斯力领带

伯斯力领带是苏格兰传统领带，经典而美观。图案基于东方地毯及纺织品设计，如变形虫状及松果状等。

领带的面料分类

领带的面料直接关系到领带的价格，一般大致可以分为色织真丝领带，印花真丝领带和色织涤丝领带和印花涤丝领带（仿真丝）。市场上销售的领带主要以真丝面料为主，还有羊毛、棉、麻、涤纶、混纺面料的。羊绒领带以高档的材质、亮丽的光泽，在高档领带市场占有一席之地。随着新品的出现，现在也出现了一部分羊毛＋真丝，或者50%真丝＋50%涤丝的领带，但是这类花型没有常规面料领带多。

纯棉领带

纯棉领带风格自然而随意，色泽朴素，缺点在于容易起皱、变形、褪色。目前，纯棉领带的使用度已经越来越小。

丝绸领带

丝绸领带的材质主要有真丝、双绉、薄软绸、柞丝绸等，其中高雅经典的真丝领带口碑最好。丝绸领带色泽好、质地细腻，是商务男士的首选。

羊毛领带

羊毛领带是以羊绒及羊毛织物为主，分为薄、厚两大类。薄领带用薄质平纹呢料或羊绒制成，是欧洲传统领带中的高档品。它的柔和感很强，但悬垂性和弹性稍差，保养比较讲求精细。厚领带以斜纹粗呢布料制造，适于冬季使用。

混纺领带

混纺领带以棉丝混纺、毛涤混纺为主，是当前主流的领带产品。混纺领带既有毛、丝材质的天然柔和感，又具有涤纶产品的弹性、悬垂性，并且容易保养，是儒雅品味的体现。

涤纶领带

涤纶领带其特点是不易起皱，复原性好，并且由于价位较低，在我国的中低档市场拥有较大的消费份额。涤纶领带的品质差异很大，在选择时要认真挑选，对其做工、印花、挺括度等要仔细鉴别，不可贪图便宜而选择品质低劣的领带。

领带原料的鉴别

一条领带的好坏主要取决于其原料。市场上领带各色花样令人眼花缭乱，如何挑选一条好的领带呢？下面为大家推荐几种检验方法：

视觉：真丝面料光泽柔和，色彩自然，非真丝面料光感异常亮丽或过于黯淡。

手感：触摸真丝面料，手感细腻滑爽，光洁轻软；非真丝面料手感略显粗糙，质地较硬，柔软感差。

重量：相同大小的领带，通常涤纶面料较轻，仿真丝面料感觉稍重，而真丝面料适中。

印花：一般而言，高档真丝面料印花精细，色彩鲜艳；非真丝面料在印花色泽上要稍逊一筹。

平整：非真丝面料经提花后，通常会显得过于硬挺，感觉不自然。

真丝领带和涤丝领带现在由于后期处理技术的提高，有些已经不能用手摸或者用肉眼看去区分了。所以一般区别这两种面料用火烧的方法。一般可以在领带小头缝线里面翻出一点点面料来，用打火机烧就能清楚，碰到火焰结成硬块的是涤丝，变成粉末的就是真丝。需要注意，只烧线头就可以，避免烧坏领带。

领带的衬里分类

领带的衬里按材料大概可以分为四大类，涤丝衬，柚丝衬，羊毛衬，羊毛、柚丝＋涤丝混纺衬。本来领带应该全是用涤丝衬的，经久耐用，也适合领带的特性。柚丝衬和羊毛衬手感比较软，缺点是能佩带的次数比较少，容易变形。

一般用眼看就可以区别出几种衬里。涤丝衬，基本呈白色。柚丝衬，一般为黑色或者暗黄色。羊毛衬，一般为黄色。如不能区分的话可以用区别领带面料的方法，原理是天然原料遇到火就会变成碳，因而天然的面料比较环保。

领带的选购

按花色选购领带

以整套西装而言，领带仅仅是配饰，不过若是搭配不妥会给人缺乏整体感和协调感的印象。因此，领带的颜色、款式和自身包含的内涵都是非常值得仔细对待的。不少男士在挑选领带时往往对花色浓烈的领带心存疑虑，其实一条花领带更能体现一个人的品位与自信。以下文字或许能够帮助你找到一条适合自己的花领带。

无规则碎花

正如同字面意义，无规则碎花领带就是在一个素色布面上，印有大小不同形状各异的小花。根据图案间隔不同又可分为大碎花和小碎花，近来还有不少无规则的几何图案居于其中，颜色纷繁缭乱是这类领带的特色，不同颜色和花纹又拼凑出不同的感觉，活泼且不拘一格，适合与素色西装套装、单色西装套装搭配。

规则碎花

与无规则碎花相对的是规则的图案花形，将这样的规则图案印在单色布面上，就是规则碎花领带。这类领带曾经在一段时期之内颇为流行，因为它的规则性和严肃性，成为那些性格老成的男性最爱。以时尚的观念来看，规则图案的领带和不规则图案的西装乃至夹克相搭配也有不同寻常的效果。

无规则色块

这种领带会运用多种颜色进行大胆搭配，以彼此明显的色差所构成。多以三种色系(红、黄、蓝)的色块进行搭配而成，或运用不同形状的图案，颇具自我风格。与单色以及花纹领带相比，色块乃至色带的运用，是非常大胆和奔放的设计，几种素色或者碰撞色组合在一起，大方豪爽的男性或许更加喜欢这样的夸张。如果颜色闷的西装配上这样的一条领带的话，或许整套西装会一下子热烈地跳动起来。

粗纹线条

基本上与细条纹是一样的形态，不同的是将细条纹以类似蜡笔或粉笔的线条取代，这种充分运用线条变化所产生的乐趣，在花色领带中最为突出。近年来运用了丝质条纹不同的天然特色，使原本单色的领带异军突起，光滑的粗线条的条纹领带更适合年轻充满魄力的男性以及沉稳老练的中年男性系戴了。

长春藤图案

所谓的长春藤图案基本上就是带有浓厚学院派风格的图案颜色，即在两个不同却相近的色块中，在色块衔接处运用较为亮眼的鲜明细线搭配。也有人称这样的领带为"团旗图案"。不管是大学风格的"长春藤"还是沿袭用来辨识团体的"团旗图案"，这类领带都带有明显的团体识别味道，不同学院、不同军团，或是今天的不同公司团体，都可以采用这种图案。图案的更替或是一个场景的描绘都是这些领带的特点。

具象图案

所谓具象图案就是背离那些抽象的花纹、色块乃至线条，给你在领带上显现一个真真正正的图案出来。这类领带多带有纪念意义或是事件意义，配合着世界各地各种各样的人物、事件、地点和活动发生，这类领带自然也就闪现了出来。人、自然景致、卡通动物、事实现象等都会印在领带的图案里，如果你想出席一个活动而要向所有人证明你最在乎或欣赏的东西时，系上相应的领带或许可以引发许多话题的探讨。

另外，挑选领带时，还要根据年龄和情趣。年轻人可选购以枣红、朱红等浅色和套色较多、色彩明快的领带；对中年人来说，深色和小花型领带显得大方庄重；如果身体有些肥胖，就请选购条纹领带。

按长宽选购领带

选购领带要注意领带的宽度（领带大头中最宽部位）。这要根据西装领子和衬衣领子的宽度来确定，也就是说，西装和衬衣领子宽，则领带也相应变宽。

一般领带的宽度有 8.5 厘米和 9.0 厘米两种，以及美国常见的 9.3 厘米。如果你穿的是比较严肃的正装，那应该选择 9.0 厘米宽度的领带，而 8.5 厘米的宽度则适合休闲一点的衬衣或正装，当然具体的搭配也会与领带的花色及材质有关。

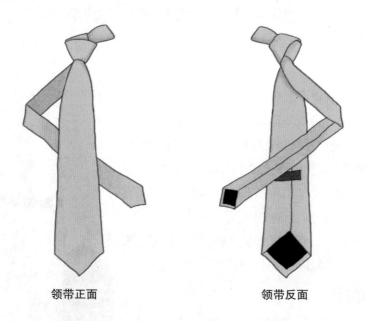

领带正面　　　　　　　　　领带反面

按大领样式选购领带

从大领的样式上，可将领带分为宽领带、角领带、斜领带、细领带、普通领带、直型领带、细瓶状领带、塔形领带、宽瓶状领带等。

宽领带　　　　角领带　　　　斜领带　　　　细领带　　　　普通领带

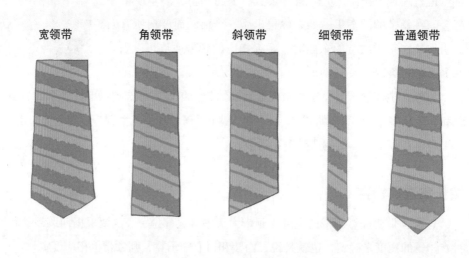

直型领带　　　　细瓶状领带　　　　塔形领带　　　　宽瓶状领带

 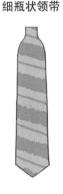  

领带的选购窍门

由于领带的生产工艺相对简单，因此影响领带质量最重要的因素就是面料。我们在前面已经讲过，上乘的领带应该是真丝领带，但是领带的品牌繁多，假冒伪劣也非常严重，一些中小厂商，常常在一些涤纶或者仿真丝的领带上标称100%SILK，蒙骗消费者，那么我们应该如何去识别一条领带的面料呢？

1. 价格。

真丝领带的价格通常不可能在 50 元以下。据调查，一条上等的真丝领带的出厂成本在 50~100 元之间。而过低的价格对应的肯定不是好产品。

2. 品牌。

通常著名品牌的领带，衬里面料和真丝面料都是一致的，不会打什么折扣。

3. 手感。

对于没有听过的品牌，只能用手感来判断其面料。真丝面料柔软光滑，不易皱。如果对于这个概念没有明确的感觉，可以拿名牌的真丝领带来摸摸看。而涤丝的往往质地较硬，粗糙，不够光鲜亮丽。

4. 角度。

领带尖呈 90 度，就是以中间线对分成两个等腰三角形，如果不是这样的结构，整个平衡感就会失去，破坏领带的美感。

5. 测试。

用手将领带揉成一团，用力捏几下，展开之后依然平顺如初的，为真丝，否则为涤丝或仿真丝。用手蘸一些水，撒在领带表面，水珠流下的为真丝，渗入面料中的为非真丝。

真正好的领带必定是运用大量手工缝制技巧，如表面布料与内里的缝合，所以领带本身会特别平整柔顺，当你轻拉带身两边时会具有手工缝制的伸缩性。正确的剪裁纹路及合适的布料会直接影响领结的外观，不当的布料或内里缝制都会让领结无法拥有均衡的美感。

除了价格、品牌、手感、角度和测试，还可以通过领带面料成份标签、领带衬里、领带前片和领带暗缝线迹这几个细节来关注。

1. 领带面料成份标签。

面料原材料及维护指南，可千万不要小看，它上面标注的往往是领带最基本的一些资料，比如面料，产地，可以让你了解领带的材质档次。

2. 领带衬里。

衬里是一条领带的心脏，好的衬里可以为领带加分很多。衬里的重量应与表面保持平衡。一条好的领带必须要有与之匹配的好衬里，高品质的衬里才能确保领带的高品质。

3. 领带前片。

一个高超的领带工匠会把前片剪成标准的斜 45 度角，以达到最佳垂感。如果你对面料没有过多研究，买领带时不妨从领带前片的裁剪看起。

4. 领带暗缝线迹。

强烈建议认清楚这条被称为领带"生命线"的线迹，就是这条线迹将领带从平面的布料联系成一个整体。它可以保持领带的弹性，在系领带和取下领带时，保证领带的性能。所以一条针线均匀，长度合适的暗缝线迹是一条好领带必须具备的。

第二章
领带打法实例讲解

基础打法

平结

　　平结的系法要诀是领结下方所形成的凹洞须让两边均匀且对称。平结几乎适用于任何材质的领带，是男士选用最多的领结打法之一。

　　步骤：

　　1. 大领长于小领。

　　2. 把领带两端交叉，大领在下。

　　3. 大领从小领后面绕过。大领从小领前绕一圈。

　　4. 将大领绕至后面再从中区域将大领拉出。

　　5. 将大领尾部穿入最外一圈。

　　6. 最后把穿入的大领往下拉，将领带结整理平整即可定型。

平结步骤 1　　　　平结步骤 2　　　　平结步骤 3

平结步骤 4　　　　平结步骤 5　　　　平结步骤 6

单结

单结又叫四手结，是所有领结中最容易学会的，深受大众喜爱。单结适用于各种领带，同样也适合搭配浪漫系列的各种款式衬衣。如果选择有多种颜色的图案的领带，图案中的一种颜色能与衬衣或西装颜色一样的话，会有锦上添花的效果。

步骤：

1. 将领带的两端交叉，大领在上。

2. 大领从小领前面绕过。

3. 大领从小领前再绕一圈。

4. 将大领绕至后面再从中区域穿出。

5. 再将大领从前一圈穿入。

6. 把大领往下拉。

7. 束紧领带结，将领带结整理平整即可定型。

单结步骤 1　　　单结步骤 2　　　单结步骤 3

单结步骤 4　　　单结步骤 5　　　单结步骤 6　　　单结步骤 7

19

领结

领结主要用来搭配礼服。领结一般用黑色、紫红色等绸料制作而成，与翼型领衬衣、礼服搭配，能够突出儒雅绅士的气质。此种系法不适合上班系戴，以免有失大雅。

步骤：

1. 将领带搭于颈上，一端长一端短。

2. 将两端交叉，长的一段放在短的一端之上。

3. 将长的一端绕至后面，然后从中区域翻出。

4. 将短的一端对折。

5. 把长的一端覆盖在短的一端上。

6. 折起长的一端。

7. 把长的一端插入短的一端后面的圈内，然后轻拉两端束紧领带结即可定型。

领结步骤 1　　领结步骤 2　　领结步骤 3　　领结步骤 4

领结步骤 5　　领结步骤 6　　　领结步骤 7

交叉结

交叉结适用于面料是单色素雅，质地较薄的领带，喜欢展现流行感的男士不妨多使用。交叉结配上素色的衬衣和深色的西装，显得素雅又有内涵，尤其适合于春秋两季出席休闲的场合。

步骤：

1. 将领带的小领从前面绕过大领。

2. 绕一圈至领带右侧。

3. 自上而下穿入中区域。

4. 绕至左侧穿出。

5. 再将小领从前一圈内穿入。

6. 把小领至于大领的后面。

7. 下拉束紧，将领带结整理平整即可定型。

交叉结步骤 1　　交叉结步骤 2　　交叉结步骤 3　　交叉结步骤 4

交叉结步骤 5　　　　交叉结步骤 6　　　交叉结步骤 7

22

浪漫结

浪漫结是一种多功能结型，适合于各种浪漫系列的领口及衬衣，与半休闲式的服装搭配最宜。系好的领结松弛有度、体贴，尤其适合气氛轻松的场合。

步骤：

1. 将领带的两端交叉，大领在前，且长于小领。

2. 大领往后绕过小领，从中区域穿出。

3. 大领从左往后再绕小领一圈。

4. 大领从领带左侧由下往上从中区域穿出。

5. 大领从前面的圈中穿过。

6. 使大领盖住小领，往下拉紧大领即可定型。

浪漫结步骤 1　　　浪漫结步骤 2　　　浪漫结步骤 3

浪漫结步骤 4　　　浪漫结步骤 5　　　浪漫结步骤 6

双环结

　　双环结具有时尚美感，因此，一条质地细腻的领带是最为恰当的选择。双环结的特色就是第一圈会稍露出于第二圈，因此，不要刻意盖住。双环结非常适合年轻的上班族，时尚又不失稳重。

　　步骤：

　　1. 将领带的大领往后绕过小领。

　　2. 将大领绕过小领一圈。

　　3. 大领再绕小领一圈。

　　4. 至第二圈时把大领从后面中区域穿出。

　　5. 把大领穿入前一圈。

　　6. 往下拉紧大领即可定型。

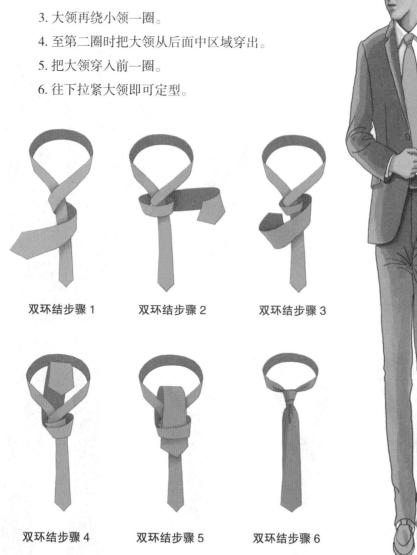

双环结步骤 1　　　　双环结步骤 2　　　　双环结步骤 3

双环结步骤 4　　　　双环结步骤 5　　　　双环结步骤 6

标准结

　　标准结打法相对繁复，其特色在于系好后的领结紧致而有弹性。标准结适合正统的社交场合，与正统的礼服搭配。

　　步骤：

　　1. 将领带两端交叉，大领在上。

　　2. 大领往后绕过小领再从下而上穿入中区域。

　　3. 束紧并将大领里面朝外。

　　4. 把大领绕过小领往后至中区域，再穿入前面的圈中。

　　5. 下拉大领并束紧即可定型。

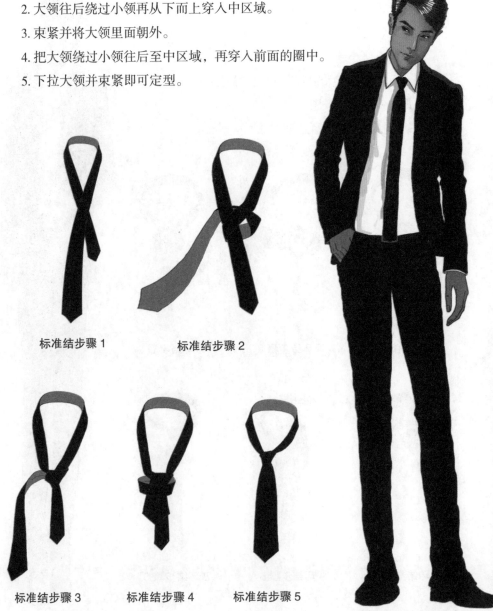

标准结步骤 1　　　　标准结步骤 2

标准结步骤 3　　　标准结步骤 4　　　标准结步骤 5

法式结

法式结是最浪漫的系法，由宽端的三次缠绕系结而成，系好的领结松弛有度、服帖。法式结因其具有较复杂的系法和饱满的造型，所以最好选择丝质或是轻薄面料的领带。此种系法非常适合气氛轻松的场合与半休闲式服装搭配时用。

25

步骤：

1. 将领带的大领从左向右绕小领一圈，从左侧由上往下穿入中区域。

2. 将大领向左侧拉出，里面朝外。

3. 继续从左往右将大领绕过小领，往后从中区域再穿出。

4. 将大领从前面的圈穿入。

5. 下拉大领并束紧领带结即可定型。

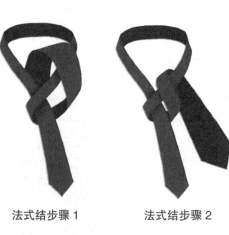

法式结步骤 1　　　　**法式结步骤 2**

法式结步骤 3　　　**法式结步骤 4**　　　**法式结步骤 5**

英式结

英式结是最严谨的系法，大领与小领的留长需要特别用心掌握，手法略繁复，但系好后的领结紧致而有弹性，是具有传统色彩的领带系法。英式结秀气的系法适合任何面料的领带，选择高档丝绸领带则能体现一定的身份和地位，此种系法适合比较正统的社交场合与正统的礼服搭配使用。

步骤：

1. 把领带两端交叉，大领长于小领，大领从左向右绕小领一圈。

2. 绕过一圈至前面。

3. 把大领往后绕至中区域穿出。

4. 再从上向下穿入前面的圈中。

5. 下拉大领并束紧即可定型。

英式结步骤 1　　　英式结步骤 2

英式结步骤 3　　　英式结步骤 4　　　英式结步骤 5

温莎结

温莎结是最普遍的领带系法之一，适合宽领型的衬衣，该领带结应多往横向延伸，所以避免材质过厚的领带，忌领带结打得过大。温莎结看似步骤繁多，其实非常适合初学者与不常打领带者。宽角领衬衣又叫温莎领，这种领型适合系温莎结型的领带，并且一般与英式西装搭配。

温莎结的打法有三种，男士们可根据自己的情况选择。

系法一

步骤：

1. 将领带挂于颈上，大领在左边，小领在右边。

2. 两端交叉，大领位于小领之上，且绕至右侧。

3. 将大领翻出至右侧。

4. 将大领由右侧绕小领一圈。

5. 将大领再绕小领一圈至左区域。

6. 将大领翻到小领之下，进入中区域。

7. 将大领穿过最前面的圈。

8. 双手拉紧即可定型。

温莎结一步骤1　温莎结一步骤2　温莎结一步骤3　温莎结一步骤4

温莎结一步骤5　　温莎结一步骤6　　温莎结一步骤7　　温莎结一步骤8

系法二

步骤：

1. 将领带挂在颈上，两端交叉，大领在小领之上。

2. 大领往后绕过小领从中区域右边穿出。

3. 将大领继续绕圈后至另一侧。

4. 再次往后穿入中区域，拉紧结环。

5. 翻转覆盖结环。

6. 绕至后中区域从前面的圈内穿入。

7. 下拉大领束紧结环。

8. 整理好领带即可。

温莎结二步骤 1　温莎结二步骤 2　温莎结二步骤 3　温莎结二步骤 4

温莎结二步骤 5　温莎结二步骤 6　温莎结二步骤 7　温莎结二步骤 8

系法三：

步骤：

1. 将领带两端交叉，大领在上。

2. 把大领绕过小领往后。

3. 从中区域穿入。

4. 拉紧，将大领的里面朝外。

5. 再将大领由上往下穿入中区域。

6. 用手捏住结环，大领绕过小领。

7. 大领绕至后中区域。

8. 大领从后中区域穿出。

9. 把大领从前面的圈穿过并拉紧。

温莎结三步骤1　　　　温莎结三步骤2　　　　温莎结三步骤3

温莎结三步骤4　　　　温莎结三步骤5　　　　温莎结三步骤6

温莎结三步骤7　　　　温莎结三步骤8　　　　温莎结三步骤9

半温莎结

半温莎结儒雅大方，尤其适合温文尔雅的男士。半温莎结适合搭配浪漫的带扣尖领及标准式领口。半温莎结能够体现儒雅的气质，因此，最易选用柔和的颜色，且细款领带比较容易上手。

步骤：

1.将领带挂于颈上，大领长于小领。

2.两端交叉，大领在小领之上。

3.大领从左往右绕小领一圈，里面朝外。

4.将大领翻上至中区域穿入。

5.向右拉出大领，大领里面朝外。

6.将大领从右向左覆盖领带结，往后至左侧。

7.将大领往后至中区域穿出。

8 再把大领穿过前面的圈。

9.下拉大领，束紧领带结。

10.将领带结调整平稳即可定型。

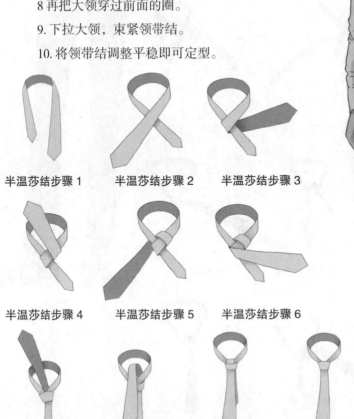

半温莎结步骤1　　半温莎结步骤2　　半温莎结步骤3

半温莎结步骤4　　半温莎结步骤5　　半温莎结步骤6

半温莎结步骤7　　半温莎结步骤8　　半温莎结步骤9　　半温莎结步骤10

驷马车结

驷马车结打法简单，适合大多数场合，但因绕过两圈，因此一定要注意领带结应该是对称的，否则搭配衬衣效果并不好。还要避免卡通图案的领带与西装相配。它适合窄衣领的衬衣，不宜搭配宽衣领衬衣。

31

步骤：

1. 将领带挂于颈上，大领长于小领。

2. 两端交叉，大领放在小领之上。

3. 大领由左往右绕小领一圈。

4. 大领再从左往右绕小领一圈。

5. 大领绕至中区域穿入。

6. 把大领穿过前面的圈。

7. 下拉大领并束紧领带结。

8. 将领带结弄平整即可定型。

驷马车结步骤 1　驷马车结步骤 2　驷马车结步骤 3　驷马车结步骤 4

驷马车结步骤 5　驷马车结步骤 6　驷马车结步骤 7　驷马车结步骤 8

普瑞特结

普瑞特结是介于驷马车结与半温莎结之间的领带结，它的外观匀称，看起来不太宽也不太窄，适合大多数领型的衬衣和场合。领带在打结领片间避免留下摺痕。打完领结后要把领带结移至衣领的中心，避免显得颓废松垮。

步骤：

1. 将领带挂于颈上，大领长小领短，大领在左，小领在右。

2. 两端交叉，把大领放于小领之下。

3. 大领翻上穿入中区域。

4. 向右侧拉出大领，里面朝外。

5. 将大领覆盖领带结绕至左侧。

6. 从左侧往后穿入中区域。

7. 将大领穿过前面的圈。

8. 束紧领带结，将领带结弄平整后即可定型。

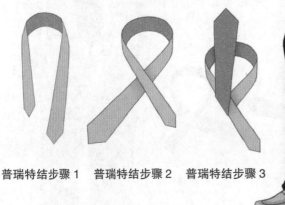

普瑞特结步骤 1　　普瑞特结步骤 2　　普瑞特结步骤 3

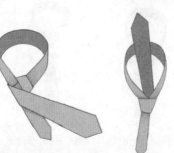

普瑞特结步骤 4　　　普瑞特结步骤 5　　　普瑞特结步骤 6　　　普瑞特结步骤 7　　　普瑞特结步骤 8

亚伯特王子结

　　亚伯特王子结适合尖领系列、浪漫扣领衬衣，搭配浪漫质料柔软的细款领带。打结时要先预留较长的大领，并在绕第二圈时尽量贴合在一起，即可完成此完美结型。

　　步骤：

1. 将领带挂于颈上，大领从左往右绕小领一圈。

2. 再从小领的左侧绕过。

3. 大领绕到左侧后面。

4. 再绕一圈。

5. 绕到后面至中区域，将大领穿入最外面的圈。

6. 往下拉大领，束紧即可定型。

亚伯特王子结步骤 1　　亚伯特王子结步骤 2　　亚伯特王子结步骤 3

亚伯特王子结步骤 4　　亚伯特王子结步骤 5　　亚伯特王子结步骤 6

时尚打法

反穿环形结

34

　　反穿环形结可以说是最具特征的领带打法之一，它把领带的两端都对称地展露出来，展现出不一样的个性。反穿环形结在搭配上，可选用补色原理引人注目，素色条纹衬衣搭配亮色圆点咖啡色领带，很适合追求个性的男性系戴，但是要注意此方法不适合工作场合。

　　步骤：

　　1.将领带对称地挂在脖子上。

　　2.两端交叉。

　　3.一端绕过一端往后从中区域穿过。

　　4.拉紧结环。

　　5.一端再由前向后穿绕另一端。

　　6.一端穿出最外面的圈中，束紧调整即可。

反穿环形结步骤 1

反穿环形结步骤 2

反穿环形结步骤 3

反穿环形结步骤 4

反穿环形结步骤 5

反穿环形结步骤 6

双环温莎结

　　双环温莎结是结合双环结和温莎结为一体的时尚领带打法。双环温莎结是最庄重的系法之一，相比温莎结来说，虽然手法繁复，但双结叠加后领带看上去更挺直、大气、沉稳，适合肩膀宽阔、身材魁梧的男士出席商务会议、谈判等场合。

　　步骤：

1. 将领带绕在颈部交叉，大领长于小领。

2. 大领从左往右绕过小领。

3. 大领从左侧向上往后穿入中区域。

4. 拉紧，将大领里面朝外。

5. 将大领翻转覆盖结环。

6. 将大领从左往右绕过领带结。

7. 继续再绕一圈。

8. 将大领从左侧向上穿过中区域。

9. 将大领穿入第一个圈中，下拉大领即可定型。

双环温莎结步骤 1　　双环温莎结步骤 2　　双环温莎结步骤 3

双环温莎结步骤 4　　双环温莎结步骤 5　　双环温莎结步骤 6

双环温莎结步骤 7　　双环温莎结步骤 8　　双环温莎结步骤 9

双交叉结

双交叉结手法略繁复，系好后的领带结紧致而有弹性，适合在正式的场合与正统的礼服搭配。素色的丝质领带最适宜打双交叉结，大翻领的衬衣搭配双交叉结的领带，会使人有种高雅隆重的感觉，非常适合正式的场合。

步骤：

1. 将领带挂于颈上，大领从左往右向后绕过小领。

2. 大领绕至右边后向上折进中区域向后翻。

3. 把大领往后绕过小领一圈。

4. 再绕小领一圈。

5. 将大领从中区域穿出，再从里面那一圈穿入。

6. 往下拉紧即可定型。

双交叉结步骤 1　　双交叉结步骤 2　　双交叉结步骤 3

双交叉结步骤 4　　双交叉结步骤 5　　双交叉结步骤 6

简式结

简式结又称马车夫结。将大领以180度由上往下翻转，并将折叠处隐藏于后方，待完成后可再调整其领带长度，是最常见的一种结型。简式结适用于质料较厚的领带，最适合搭配标准式及扣式领口的衬衣。

步骤：

1. 两端交叉，小领放在大领上面。

2. 将小领往右绕过大领再从中区域穿出。

3. 再把大领从右往左绕过小领。

4. 将大领穿至中区域。

5. 将大领从前面的一圈穿过，往下拉紧即可定型。

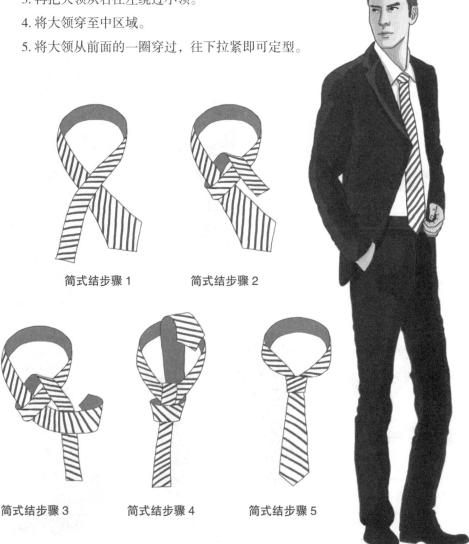

简式结步骤1　　　　简式结步骤2

简式结步骤3　　　简式结步骤4　　　简式结步骤5

十字结

十字结形状特别，能够呈现个性与优雅相结合的风采，也适合女性系戴。打十字结应使用细款领带，这样出来的结型小巧美观。外面可搭配式样大方的简短马夹，会显得时尚动感。

步骤：

1. 将大领放在小领之上，大领从右往左绕小领一圈。

2. 将大领向上翻转穿入中区域。

3. 穿出再绕小领一圈。

4. 继续绕一圈至后中区域，再将大领往下穿过里面的一圈。

5. 将大领下拉束紧即可定型。

十字结步骤 1　　　　十字结步骤 2

十字结步骤 3　　　十字结步骤 4　　　十字结步骤 5

创意结

创意结也是一种另类的领带系法。创意结不适合搭配衬衣，而搭配开口较大的背心会更有时尚动感。

步骤：

1. 将领带挂在颈部。

2. 长的一端从右向左往后绕过短的一端。

3. 将其向上穿入中区域。

4. 拉紧结环。

5. 长的一端再绕过短的一圈。

6. 绕圈后从前面的圈内穿入。

7. 下拉束紧并把尾端藏于结环内。

创意结步骤 1　　　创意结步骤 2　　　创意结步骤 3

创意结步骤 4　　　创意结步骤 5　　　创意结步骤 6　　创意结步骤 7

小巧结

小巧结也是一款造型特别的领带系法，配以休闲款式的衣服，显得精巧活泼。小巧结对领带的选择有要求，领带最好选角领带。小巧结系好后小领放在大领之上，流露出独特的艺术气息。

步骤：

1. 将领带挂于颈上，把大领的头部折进去呈平角。如选用角领带则不用此步骤。

2. 大领长小领短，小领在上。

3. 将小领往后绕过大领。

4. 绕回颈前。

5. 绕至后中区域并穿出。

6. 将小领穿入前面的圈中，束紧定型。

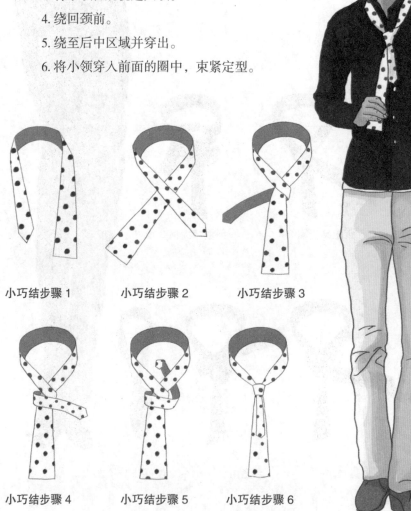

小巧结步骤 1　　　　小巧结步骤 2　　　　小巧结步骤 3

小巧结步骤 4　　　　小巧结步骤 5　　　　小巧结步骤 6

普通结

普通结给人的感觉是大气，不拘小节，男女均可系戴，搭配衬衣或休闲服装最适宜。

步骤：

1. 将领带挂于颈上，两端交叉，大领往后绕过小领，里面朝外。

2. 大领从小领前面绕过。

3. 往后绕至后中区域穿出。

4. 将大领尾部穿入前面的圈中。

5. 把穿入的大领往下拉即可定型。

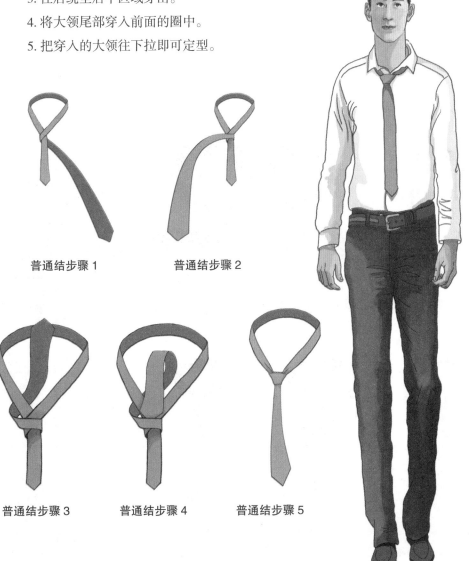

普通结步骤 1　　　　普通结步骤 2

普通结步骤 3　　　普通结步骤 4　　　普通结步骤 5

小结

小结美观简洁、玲珑娇小，适合厚且细长的领带。

步骤：

1. 将领带挂在颈部，大领长于小领。

2. 两端交叉，小领在上。

3. 大领从前面绕过小领。

4. 绕至后中区域穿出。

5. 把大领穿入前面的圈中。

6. 往下拉大领并束紧即可定型。

小结步骤 1　　　　小结步骤 2　　　　小结步骤 3

小结步骤 4　　　　小结步骤 5　　　　小结步骤 6

打领带技巧提升

领带窝的处理

领带窝处理分凹状、凸状、平状和多褶状四种。

1. 领带窝的凹状为领带结下的中部呈内陷状。

2. 领带窝的凸状为领带结下呈突弧状。

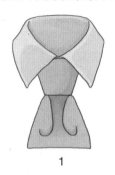

1   2

3. 领带窝的平状为领带结下平整无褶皱。

4. 领带窝的多褶状为领带结下的中部有多条褶皱。

3   4

领带的长宽度要适中

领带的长度很重要。成人日常所用的领带，通常长 130~150 厘米。领带打好之后，除特殊打法，外侧应略长于内侧。其标准的长度，应当是下端正好触及腰带扣的上端。这样，当外穿的西装上衣系上扣子后，领带的下端便不会从衣襟下面显露出来。当然，领带也不宜打得太短，不能让它动不动就从衣襟上面跳出来。

领带的宽度也很重要，虽然并无一定的规则，但基本上，领带的宽度应该与西装翻领的宽度相搭配。目前，标准的领带宽，是指领带末端最宽的地方为8.5~9.0厘米。此外，一条领带应该在较宽的末端背后，拥有一个小垂悬物（领带夹等），这样，变窄的末端才会平顺地垂落，不至于露出领带的反面。

领带的位置要合乎常规

领带打好之后，应被置于合乎常规的既定位置。穿西装上衣系好衣扣后，领带应处于西装上衣与内穿的衬衣之间，穿西装背心、羊毛衫、羊毛背心时，领带应处于它们与衬衣之间。穿多一件羊毛衫时，应将领带置于最内侧的那件羊毛衫与衬衣之间。不要让领带出现在西装上衣之外，或是处于西装上衣与西装背心、羊毛衫、羊绒衫、羊毛背心之间，更别让它夹在两件羊毛衫之间。

领带不宜打得过紧

生活中许多看似非常小的事情却与健康息息相关，例如说系领带。大家知道，在现代社会中，穿西装打领带，可以显示出优雅、大方、干练、专业，这是一个男士在正式场合的标准装束。然而，领带的松紧居然与眼睛的健康有一定的联系。

有国外的专家表明，领带系得过紧，会引起眼疲劳的症状。倘若长期出现这些症状，不仅眼睛会受到伤害，脑部也会因为脑供血不足而出现不良症状。因为领带系得过紧会压迫颈动脉和神经，阻碍人体正常血液流通，造成脑部缺血、缺氧，引起正常血液供给受限，累及视神经和动眼神经，从而出现眼睛肿胀、看东西模糊等。对于一些从事文案工作的男士，常常低头工作会导致领带紧窄，引起眼胀头晕等症状，只需略微把领带松开一些，症状就会自然消失。

而且领带系得太紧容易引发开角型青光眼。青光眼在眼科中是常见病，在致盲性眼病中，它也是"名列前茅"的，而且青光眼一旦引起失明是不可恢复的。系领带为何会造成青光眼呢？主要是领带系得过紧，压迫颈部血管，引起眼压上升，眼压的升高是青光眼的主要因素之一。假使一个人在日常生活中，领带常常系得非常紧的话，会持续性地出现高眼内压而引起青光眼，造成视神经、视网膜的损害，以至于失明。

由于领带的松紧度与这种潜在的、对健康可能有害的因素紧密相关，所以提醒各位打领带的朋友，在打领带时，要给自己的脖子留点"空间"，免得眼睛受到伤害。

打领带时要注意的细节

除了皮鞋，领带也是西装极其重要的组成部分，而且对西装的美观起着至关重要的作用。一条适合的领带往往是西装的亮点所在。一般有硬领的衬衣才适合打领带。另外，衬衣的领子切勿过大，以免影响领带的美观性。在非正式场合，穿西装可以不打领带，但衬衣的扣子须解开。平时只穿单件衬衣时也可以打领带，不过衬衣的下摆必须塞在裤子里面，且要保持衬衣的平整。

选择领带时还要注意它的花色是否与西装以及衬衣相搭配，切忌让花领带和一件花衬衣搭配在一起。一般来说，单色的领带可以搭配很多种西装和衬衣。

西装上衣两侧的口袋只作装饰用，一般不放物品，否则会使上衣变形。上衣左胸部的衣袋又称手帕兜，用来插装饰性手帕，也可空着。有些物品，如票夹、名片盒可放在上衣内侧衣袋里，裤袋亦不可装物品，以求臀位合适，裤形美观。

另外，保养领带时还要注意：

1. 不要多洗涤，以防色泽消褪。

2. 系戴领带时，要注意手指洁净。

3. 换领带时，要将领带拦腰挂在衣架中，以保持平整。

4. 存放领带要保持干燥，不要放樟脑丸防蛀。

5. 领带不要在阳光下曝晒，以防丝质泛黄变色。

6. 领带收藏前，最好熨烫一次，以达到杀虫灭菌防霉防蛀的目的。

口袋巾的搭配细节

穿着西装时佩带口袋巾，会让你显得有品位有身份，使你卓尔不群。口袋巾是一小块正方形的织物，折叠之后放入西装胸前的口袋。折叠时，捏住方巾的中心，使其成锥形。然后将圆锥纵向对折即可。将折叠好的成品插入胸前的口袋，尖端伸出袋外。

口袋巾和领带同为搭配西装最重要的元素，因此要特别注意色彩的协调，多数情况下不需要二者为同一款式，但在色调上要保持一致。如果口袋巾的颜色与领带相配，即使与整套装束反差较大，色彩悦目却仍能不失和谐。

口袋巾与衬衣、领带的搭配顺序。一般为：衬衣—领带—口袋巾。在搭配非常正式的全套衣服时，应先从套装及衬衣中找出占比重最大的颜色，或者最令人瞩目的颜色来确定领带的选择，然后再以领带的色彩决定口袋巾的颜色，这个顺序可以保证整体的和谐性。

白色口袋巾易误搭。在时装中，白色代表着纯净简洁，一般被认为是最安全的色系之一，当口袋巾选择白色时，代表着传统与庄重，但是会抢去衬衣领带搭配的重点，也易被人误会那是不小心翻出外面的口袋里衬，秘诀是佩戴时一定要注意领带也应为浅色。

口袋巾与手帕的区别。虽然口袋巾由手帕演变而来，但现在仅具有装饰的用途。正规的西装三件套通常有 16 个口袋，左前胸上袋专门放置口袋巾，而西裤右边的后袋才是放手帕的地方，必要时用来擦手和脸。

第三章

领带的基本
搭配原则

领带与西装的搭配

意式型

意式西装的主要特征是上衣呈倒梯形，多为双排两粒扣式或双排六粒扣式，而且钮扣的位置较低。它的衣领较宽，强调肩部与后摆，不太重视腰部，垫肩与袖笼较高，腰身中等，后摆无开衩。其代表品牌主要有"杰尼亚""阿玛尼""费雷""伊夫圣洛朗""瓦伦蒂诺""皮尔·卡丹""杉杉"等等。

美式型

美式西装的主要特征是外观上方方正正，宽松舒适，较欧式西装稍短一些。其领型为宽度适中的"V"型，腰部宽大，后摆中间开衩，多为单排扣式。美式型讲究舒适，线条相对来说较为柔和，腰部适当地收缩，胸部也不过分收紧，符合人体的自然形态。袖笼较低，显得精巧，翻领的宽度也较为适中，对面料的选择范围也较广。美式西装的知名品牌有"麦克斯""拉尔夫·劳伦""卡尔文·克莱恩"等等。

英式型

英式西装的主要特征是不刻意强调肩宽，而讲究穿在身上自然、贴身。它多为单排扣式，衣领是"V"型，并且较窄。它腰部略收，垫肩较薄，后摆两侧开衩。商界男士十分推崇的"登喜路"牌西装，就是典型的英式西装。

日式西装

日式西装的基本轮廓是 H 型的。垫肩不高，领子较短、较窄，不过分地收腰，后摆也不开衩，多为单排扣式。国内常见的日式西装品牌有："高""斯丽爱姆""仁奇""顺美""雷蒙"等。

韩式西装

韩国文化在二十世纪末在全球广为传播，其设计业也越来越发达，在服装行业方面更甚。现在无论是女装还是男装都大力风行韩式风格。韩版西装肩不像欧版那样宽厚，腰也不像日版那样宽大，应该说很适合身材匀称的东方人体型，所以越来越受欢迎，不过其窄边驳领，短衣长裤等特点，在很多时候不太适合商务西装的要求。

休闲西装

休闲西装结合了亚洲男士的身材特点，采用略为修身的裁剪，使衣服更加挺括有型，不论是休闲度假还是商务场合，都是百搭不爽的款式。其风格摒弃了传统的生硬无趣，袋口等精致的小细节，体现非凡品位。

绉纹呢西装

绉纹呢是制作西装最常用的面料。绉纹呢西装有着丰富的结子花质感，手感稍觉粗糙。它比精纺毛料更具揉捻性，因此，相对来说更不容易起皱，是出差、商旅人士的理想选择。绉纹呢西装中深蓝色系几乎可与所有的衬衣、领带搭配，是绝对保险的穿衣选择。

灰色小菱纹织物西装

灰色小菱纹织物看上去是灰色的，实际是由微细的黑白交织而成。菱纹织物面料有着丰富的肌理，因此，如果灰色精纺毛料西装采用这种织物，会显得美观大方。需要注意的是，此类西装远观是素色，近距离就能看出它的图案，因此，要避免搭配带有密集图案的衬衣或领带，以免出现视觉混乱。

单排扣细条西装

单排扣细条西装是最不容易穿错的西装之一，比较正规。竖直的条纹令人产生高度上的错觉和宽度减小的视觉效果。对体型硕大的男士而言，西装上的细条可以显得身形比较苗条。对小个子的男士而言，则能够显得身材修长。当选配衬衣时，谨防衬衣上的条纹和西装条纹相抵触。此外，还可以在胸袋上放入口袋巾来锦上添花。

双排扣细条西装

双排扣，指的是上衣的左右两侧均有扣，比单排扣的剪裁效果更醒目生动。宽宽的驳头往往会令一些人对这种款式望而生畏，因而退避三舍。其实这种经典造型的西装显示出阳刚力量，给人以尊重、庄严之感，因此说，双排扣细条西装的经典造型和图案适合于银行或律师楼的人们或者出席重要商业会议。

礼服

礼服是有自己的语言和个性的衣服，它甚至可以凌驾于个人性格之上。俗话说"物以类聚，人以群分"，选择一件适合自己的礼服，就好像选择什么样的朋友来往一样，而礼服就是那位帮助

你社交的朋友，在你还没有开口的时候，它已经在招呼大家了。所以，你需要什么人来关注你，就去选一件能招呼他们的礼服吧。当然，也不能忽略了配饰对于礼服的配合，在众人中能够突出自己的法宝，就是这些配饰，在礼服近似的情况下，你的配饰风格最能够代表你的个性。

喜欢低调、自然、雅致的男人，选择简洁有设计点的领结或者特殊的领带来搭配礼服衬衣更突出新古典的优雅感，皮鞋不需抢眼，但也不宜太传统，英国学院风格的牛津皮鞋（俗称三节头）最为适合。

性格张扬不喜守旧的潮流男士，可以选择特别的领带来取代领结，比如在尺寸和面料上都区别于传统领带的样式。而一双黑色漆皮新式德比鞋就可以成为帮你提气的最佳鞋款，亮眼但不刺眼，而且很容易配合各色礼服。

个性沉着稳重、气质相对保守的男士们，在配礼服的领带时可以选择图案比较花哨但色系统一的、区别于日常领带的简单设计，同时口袋巾也可选择同色系，完整的色彩感会为你的稳重气质加分，而且绝不会穿错。

西装和领带颜色的搭配攻略

西装是正式社交场合首选的服装之一。俗话说细节体现品位，虽然现在不少男士西装革履，可是着装的细节上有点问题。男性西装颜色多选沉稳的黑、深蓝、深灰色；比较轻松场合的穿着则可选择较浅、明亮或条、格状图案的西装。领带是男士穿着正装西装必不可少的饰品。巧妙搭配西装与领带的色彩，会让搭配品味更出众，并且增强信心。

穿红色、紫红色西装，适合配戴乳白、乳黄、银灰、湖蓝、翠绿色的领带，以显示出一种典雅华贵的效果。

穿银灰、乳白色西装，适合配戴大红、朱红、墨绿、海蓝、褐黑色的领带，会给人以文静、秀丽、潇洒的感觉。

穿黑色、棕色的西装，适合配戴银灰色、乳白色、蓝色、红白条纹或蓝黑条纹的领带，这样会显得更加庄重大方。

穿褐色、深绿色西装，适合配戴天蓝、乳黄、橙黄色的领带，会显示出一种秀气飘逸的风度。

穿深蓝、墨绿色西装，适合配戴橙黄、乳白、浅蓝、玫瑰色的领带，如此穿戴会给人一种深沉、含蓄的美感。

最后介绍一种最稳妥的方法：领带不要选太花的颜色，建议以深灰色为宜，衬衣选择白色的是最保险的方法，西装为深色，三者之间的色差不要太大，尽量是同一个色系的，这样整体上看起来就会舒服。

领带与衬衣领的搭配

标准领

标准领是最普通大众的领型，标准领领型宽、领尖长，从领口到领尖的长度在80~95毫米之间，左右领尖的夹角为70~90度，领座高为35~40毫米。这种领型适合系半温莎结的领带。

宽角领

宽角领也叫温莎领，领尖略长于标准领，领尖的夹角也比标准领大，一般在100~140度，最大夹角可达180度，领座略高于标准领。这种领型适合系温莎结型的领带，而且一般与英式西装相搭配。

有襻领

有襻领即左右领尖底部钉有襻儿，襻儿在中间扣合，领带从襻儿上通过，领带结正好搁在襻儿上。这是进一步封禁脖口的一种十分讲究的领型，襻儿还担负着把领带挑起来的作用。这种领型因夹角较小，所以一般适合系普通结。

有领尖扣的领子

领尖有扣眼，前衣片上有扣子，领尖被固定在前衣片上，是典型的美国式衬衣领。领尖有的较长，领尖中央呈曲线状拱起，也有领尖中央不拱起，还有的领尖长较短。这种领型的领尖夹角一般等于或小于标准领型，因此适合系半温莎结或普通结。

针孔领

针孔领左右领尖的中间部位各有一个圆孔，用来挑领带的饰针从此孔穿过，与有襻领一样，领带结是搁在饰针上的，也适合系普通结。

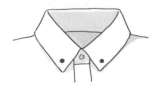

翼形领

领的前领尖向外翻折，因形似鸟翼而得名，这是燕尾服、晨礼服、塔克西多等礼服用衬衣常见的领型，一般系蝴蝶结而不系普通领带。

小方领

小方领又叫短尖领，即领尖较标准领短，但领尖的夹角与标准领相同，故一般系半温莎结或普通结。

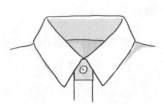

牧师衬衣领

牧师的衬衣领子和袖口为白色，而衣身为条纹或其他素色的衬衣，一般称之为"牧师衬衣"。这是比较讲究的一种礼用衬衣，一般有白色和蓝色、白色和粉红色的组合。领型有标准领、宽角领和圆角领。其领带的系法也是根据领型来选择的。

圆角领

圆角领是领尖为圆形的领形，这是一种古典领形，现在比较少见。

立领

立领是只有领座没有翻领的领型，这种领子一般不系领带，多用于活泼轻松的休闲西装。

领带与马夹、大衣的搭配

无领马夹

无领马夹是最常见的男士马夹款式，西装的套装里通常会搭配无领马夹。无领马夹给人庄重成熟之感。一般套装马夹的颜色和外套是同一个颜色，因此，在搭配领带时，最好领带不要太沉闷，也不易太花哨，最好是跟西装一个色系的且略带暗花纹，这样能显现出层次和品位。

翻领马夹

翻领马夹是时尚潮男的必备单品，有大翻领和细翻领两种，大翻领属于比较时尚休闲的装扮，细翻领可以用于搭配西装、领带给人以精细之感。领带的选择以绸缎料为宜，细翻领的马夹适合搭配温莎结领带。

无领马夹　　　　　　　　　　　　翻领马夹

驳领马夹

驳领马夹的领子类似西装领，有单排扣，也有双排扣。有比较正式的，也有比较休闲的。驳领马夹会给人很强的职业感，也会增加人的干练直爽又比较严谨的形象特征。

翻领大衣

翻领大衣的样式跟西装很相似，只是款式略长、立体感较强。翻领大衣最能给人以时尚潮男之感。既可以穿它进行休闲娱乐，也可以用于职场和商务娱乐。它既可以搭配领带，也可以搭配围巾，尽显绅士本色。

男士翻领大衣以黑色系居多，搭配领带时可以选择质地上乘的织纹和条纹领带，颜色可以明亮显眼为特征，给人以干劲十足的印象。

立领大衣

立领大衣的衣领竖起，给人庄严冷峻、干练成熟的感觉，并且有种内心很强大的气场，选择细领带搭配立领大衣会增强立体感，显得雷厉风行。需要注意的是男士大衣比较讲究质地，因此在领带的选择上，以毛料为最佳。

驳领马夹　　　　　　　翻领大衣　　　　　　　立领大衣

不同季节的领带搭配攻略

春季搭配方案

春季，大地复苏、万象更新、欣欣向荣，大自然的色彩走向温和，而明快艳丽的色彩更适宜人们此时的心境。这一季的颜色可以是光谱中的任意一组，由冷色向暖色过渡是最常见的。例如米黄、葱绿。面料质地以紧密、有弹性的精纺面料为主。结构最好是协调搭配的两件套加风衣。

颜色搭配

职业装色彩特点：

西装：宜选择驼色、棕色、浅灰以及饱和度略高的蓝色作西装的颜色，尽量避免用黑、深灰、藏蓝色做西装色。

衬衣：宜选择浅淡、明快的颜色。

领带：宜选择色彩明亮、鲜艳的颜色。

休闲装色彩特点：

西装、衬衣、领带可选择色彩中明亮的颜色，与驼色、棕色系列搭配。

搭配原则：对比搭配。

适合面料色彩感觉：色彩饱和度高。

其他附件：与西装色彩统一或略深。

夏季搭配方案

夏日，烈日骄阳，无处躲藏的炽热

春季职业装　　　　**春季休闲装**

让人们渴望凉爽，中性色、白与黑的对比，纯质和明质相对弱些的颜色会受欢迎。例如：本白、象牙黄、浅米灰。棉、麻、丝是这一季着装的首选面料。式样简单而裁剪得当、做工精致的套装可以在工作时或晚会上穿。

颜色搭配

职业装色彩特点：

西装：宜选择蓝灰、灰蓝、灰等冷色作西装色，避免选用棕色系西装。

衬衣：宜选择浅灰、蓝、紫、淡粉色等柔和的颜色。

领带：宜选择色彩中浅淡、柔和、雅致的颜色。

休闲装色彩特点：

西装、衬衣、领带可选择色彩中柔和、清爽的颜色，与蓝灰、灰蓝、灰、乳白色等搭配。

适合的搭配原则：渐变搭配。

适合的面料色彩感觉：色彩饱和度低。

其他附件：与西装色彩统一或略深。

夏季职业装   夏季休闲装

秋季搭配方案

秋季是成熟的季节，自然界色彩丰富多变，秋季服装的色彩趋于沉稳、饱满、中性、柔和。由一组暖色面料构成的着装方式值得推荐。例如：咖啡色、芥茉黄。秋季最能体现"整体着装"的方式，两件套的套装，带有马夹的三件套装，或许再加上堑壕式外套——潇洒的风衣。面料的选择可以多样化，膨松的质地和柔软的裁剪值得考虑。

颜色搭配

职业装色彩特点：

西装：宜选择棕、深宝蓝、橄榄绿等深色调的暖色作西装色，尽量避免用黑、灰、蓝色做西装颜色。

衬衣：宜选择以黄色为基调，雅致而稳重的颜色。

领带：宜选择色彩饱和度强的颜色。

休闲装色彩特点：

西装、衬衣、领带可选择色彩中浓郁、鲜艳的颜色，与棕色系列搭配。

适合的搭配原则：渐变搭配。

适合的面料色彩感觉：色彩饱和度低。

其他附件：与西装色彩统一或略深。

秋季职业装　　秋季休闲装

冬季搭配方案

冬季气候寒冷，自然界的暗淡给人们创造了展示色彩的机会，反季节的颜色同样会有吸引力。当然，常规的应该是藏蓝色、深灰、姜黄、深紫、褐色，冬季也可以整齐、精致的搭配形象出现，这需要技巧，面料可以用羊毛、羊绒、驼绒为原料。

职业装色彩特点：

西装：宜选用黑、灰、藏蓝色等深色调的冷色调系作为西装的颜色，避免使用棕色系做西装色彩。

颜色搭配

衬衣：宜选择白色、浅黄色等色泽亮丽的冰色系。

领带：宜选择色彩中明亮、鲜艳的颜色。

休闲装色彩特点：

西装、衬衣、领带可选择色彩中鲜艳、饱和度高的颜色，与黑、白、灰及冷色调搭配。

适合的搭配原则：对比搭配。

适合的面料色彩感觉：色彩饱和度高。

其他附件：与西装色彩统一或略深。

冬季职业装　　　　冬季休闲装

领带与领带配饰的搭配

　　打领带时，在一般情况下，没有必要使用其他配饰。在轻风徐来、快步疾走之时，听任领带轻轻飘动，是很能替男士平添一些潇洒、帅气的。有的时候，或为了减少领带在行动时任意飘动带来的不便，或为了不使其妨碍本人工作、行动，可酌情使用领带配饰。

　　领带配饰的基本作用是固定领带，其次才是装饰。常见的领带配饰有领带夹、领带针和领带棒。它们分别用于不同的位置，但不能同时登场，一次只能选用其中的一种。选择领带配饰，应多考虑金属质地制品，并以素色为佳，形状与图案要雅致、简洁。

领带夹

　　领带夹应在穿西装时使用，也就是说仅仅单穿长袖衬衣时没必要使用领带夹，更不要在穿夹克时使用领带夹。穿西装时使用领带夹，应将其别在特定的位置，即从上往下数，在衬衣的第四与第五粒纽扣之间，将领带夹别上，然后扣上西装上衣的扣子，一般以从外面看不见领带夹为宜。因为按照妆饰礼仪的规定，领带

夹这种饰物的主要用途是固定领带，如果稍许外露还说得过去，如果把它别得太靠上，甚至直逼衬衣领扣，就显得过分张扬。

领带针

领带针的作用是将领带别在衬衣上，并发挥一定的装饰和造型作用。领带针的一端为图案，应处于领带之外，另一端为细链，应隐藏在领带的背面，避免外露。使用时，应将其别在衬衣从上往下数第三粒纽扣处的领带正中央，佩戴时可以将领带向上稍稍拱起，让领带看上去造型更加丰满美观。但是要注意，别把领带针误当领针使用。

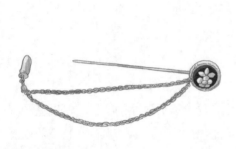

领带棒

领带棒，主要用于穿着扣领衬衣时，穿过领带，并将其固定于衬衣领口处。使用领带棒，如果得法，会使领带在正式场合显得既飘逸，又减少麻烦。

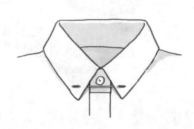

第四章

根据肤色、脸型和
身材找到合适领带

根据肤色类型搭配领带

世界上区分人种的标准就是皮肤颜色，人类皮肤最主要的颜色有黄色、白色、棕色和黑色。人的肤色会随着阳光的照射量而发生改变。一到了夏天，由于阳光强烈，日照量增多，人体内黑色素的分泌就会增加，皮肤的颜色就会变黑。到了冬天，阳光的照射减弱了，黑色素的分泌因此也就减少了，使皮肤变白。

肤色类型自我诊断测验

下面有七个问题，请从 A、B 中选出适合你的答案，填入测试表中。

1. 手掌的色调

A. "粉—红紫" 色系

B. "黄—橙" 色系

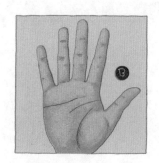

2. 胳膊内侧的色调

A. 皮肤白的人是 "紫—苍白" 色调，皮肤黑的人是略带红色

B. 皮肤白的人接近黄色，皮肤黑的人是褐色系的小麦色

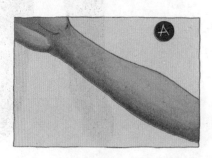
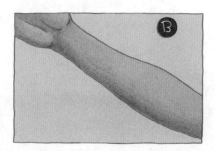

3. 唇色

A. 有点泛青的粉色、红紫色、深紫红色

B. 略带橙色的粉色、朱红色、番茄红色

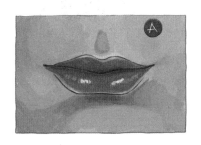 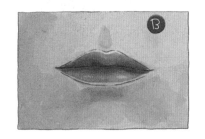

4. 须质

A. 浓密、硬挺，剃过的地方呈青色

B. 稀疏、柔软，剃过的痕迹不明显

5. 发色

A. 黑色，白发的人全白或灰白

B. 接近茶色的黑色，白发的人是黄白

6. 发质

A. 粗、硬的直发或硬卷发

B. 细、软的直发或软卷发

7. 眼白和眼珠

A. 眼白是略带青色的白色或纯白色，眼珠是偏紫的茶色

B. 眼白是略带黄色的米色，眼珠是略带黄色的茶色

	1	2	3	4	5	6	7	总计
A								
B								

A 选项较多的人身体色调为"蓝—紫"的冷色调

B 选项较多的人身体色调为"黄—橙"的暖色调

蓝—紫色调肤色与领带的搭配

衬托冷色调的颜色色样

衬托冷色调的颜色选择要点

红	选择酒红、墨红或者草莓红等偏蓝或偏紫的红色
橙	选择果冻橙这种偏白的橙色

黄	选择柠檬黄或者葡萄柚等类似的黄色
绿	选择玻璃黑板般的墨绿或者祖母绿宝石般的绿色
蓝	选择海军蓝（深蓝）或者水蓝等很正的蓝色
紫	选择紫罗兰、菖蒲或者薰衣草等紫色
粉	选择樱花粉或者玫瑰粉等很正的粉色
黑	任何黑色都可以
白	选择纯白或者稍微偏蓝或泛灰的白色
灰	选择一般的灰色即可，或者是偏蓝、偏紫的灰色
茶	选择接近黑色的茶色，或者偏紫以及偏红的茶色
米	偏紫的粉米色或者偏蓝的米灰色都可以

总之，冷色调型的人无论选择什么色系，都更加适宜偏蓝或偏紫的颜色。

黄—橙色调肤色与领带的搭配

衬托暖色调的颜色色样

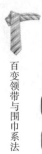

衬托暖色调的颜色选择要点

红	选择番茄红或者印泥般的朱红（偏橙）
橙	选择橘子、柿子、橙子的水果橙
黄	选择蛋黄或者芒果一样的黄色，也可以是芥末黄
绿	选择黄绿、绿茶绿、蜜瓜绿或者橄榄绿
蓝	不要选择纯蓝，而要选择蓝绿色等有个性的蓝色
紫	选择葡萄般的紫红色或者深紫色
粉	选择淡红或者珊瑚红等带有橙色的粉色
黑	不要选择纯黑，选择偏茶色的黑色会比较合适
白	不要选择纯白，而要选择豆浆那样偏黄的白色或者乳白色
灰	不要选择一般的灰色，而要选择偏茶色或者偏绿色的灰色
茶	选择像大地或者树木一样很正的茶色
米	选择带黄的米色，驼色也很适合

总之，暖色调型的人无论选择什么色系，都更加适宜偏黄或偏橙的颜色。

脸型自我诊断与领带搭配

领带结型与脸型的相配关系可充分体现人的精神面貌，主要有面庞的宽窄、胖瘦和颈部的长短与领带的关系。

"鹅蛋脸"脸型特征：

线条弧度流畅，整体轮廓均匀。额头宽窄适中，与下半部平衡均匀。颧骨中部最宽，下巴成圆弧形。

"鹅蛋脸"适合与比较窄的领带搭配，具象的领带花纹，细长而饱满的领带结，都能很好地衬托鹅蛋脸人的优势。

鹅蛋脸

"国字脸"脸型特征：

"国字脸"又称方脸，有长方脸，短方脸之分。方脸主要是下颌骨侧方的下颌角肥大，粗壮所致，同时伴有其上所附着咬肌肥厚，咬牙时极为明显。

"国字脸"适合与比较宽的领带搭配，小几何纹样的领带，呈倒锥形的领带结，能使得脸部看起来协调圆润。

国字脸

"倒三角脸"脸型特征：

"倒三角脸"是"甲"字脸的另一种说法。其特点是额头较宽下巴较尖，看起来就像是倒立着的三角形。

"倒三角脸"适合与标准的领带相配，不宜选择过于花哨的花纹领带，领带的结状宜厚实而呈方型。

倒三角脸

按身材穿衣搭配

让身材看起来修长匀称的技巧

许多男士对自己的身高有所芥蒂，甚至产生不自信的心理。拥有强大的内心可以平息内心的愤懑，其实，还有种办法，那就是通过着装。身材矮小的男士通过挑选合适的西装、衬衣、领带和配件的颜色，就能给人视觉上的错觉，让自己看起来既精神又比实际高。

下面为大家介绍几种视觉魔法：

1. 暗色调 + 条纹 + 同色系

比起暗色系，亮色更容易显得身材宽大，身材矮小的人穿上亮色系的西装不会显得纵向变高，反而会显得身材宽大。因此，身材矮小的男士可选择藏青色、深灰色等偏暗颜色的西装。如果所选的西装上有纵向的细长条纹，则可以增强身体纵向的视觉效果。需要注意的是，为了达到以上效果，西装的条纹间距最好不超过 5 毫米。同时，领带的底色宜与西装同一色系，这样会增强整体的视觉效果。

2. 立体线条能够提高重心

关于西装的款式，可以选择腰不收紧、肩部线条笔直明显的倒三角形立体裁剪样式，最好是两颗纽扣款。当腰部收紧强调肩部线条、领口"V"字区域很明显的时候，人的视线会自然上移，从而产生身材修长的感觉。领口的"V"字区域是领带的专属场地，要想让自己看起来比实际更高，就必须让他人的视线集中在脸正下方的"V"字区，在这个区域搭配好颜色的明暗对比，就能有效地吸引他人的目光。

3. 领带结要小，领带选择纵向花纹

领带选择前片与西装领保持平衡的 7~8 厘米的类型。领带打法推荐最百搭的平结和比较有立体效果的亚伯特王子结。领带的花纹应选择强调纵长的竖条纹型。

4. 配件和西装的颜色要协调

鞋、皮带、包等配件的搭配要领是，配件颜色统一，且要比西装的颜色亮度稍暗或深一些，如果西装为黑色则配件也用黑色，西装为茶色配件也用茶色。这样不仅能使身材看起来很高，还能使腿更修长。

71

	颜色	花纹	样式
西装	偏暗、偏深的颜色	细窄的竖条纹，条纹间隔不超过 5 毫米	翻领小、倒三角形立体裁剪样式，两颗纽扣或三颗纽扣的设计
衬衣	偏亮、偏浅的颜色	纯色或条纹间隔细窄的竖条纹	标准领、纽扣领、暗扣领
领带	偏暗、偏深、较鲜明的颜色	间距较窄的竖条纹	领带前片宽度为 7~8 厘米，系平结、亚伯特王子结
配件	所有配件颜色较西装、领带偏深、偏暗	无花纹	提包较薄较小、皮鞋鞋面长，皮带扣简单大方

让体形看起来苗条的技巧

男性的肥胖问题虽不及多数女性朋友一般"斤斤计较"，但是诱人的美食、年龄的增长，再加上成天久坐办公室，缺乏运动习惯，要不发胖也很难。平日就留意自己体重的朋友，或许没有穿衣的困扰，但是却很容易因为疏于留意而不经意的在肚皮上增加了几斤赘肉。

虽然能通过运动和控制饮食来消除啤酒肚和双下巴，但实际执行起来却困难重重。实际上，通过挑选合适的西装、衬衣、领带和配件的颜色、样式、花纹，就能让你看起来比实际瘦不少。

下面为大家介绍几种视觉魔法：

1. 暗色调 + 条纹式

偏暗色的西装会有收身的效果，但如果是纯暗色的话，会给人沉重、迟缓的感觉，因此，要选择带有竖条纹的西装。如极细的条纹、铅笔条纹或粗细不一的粗细交替条纹。

2. 调整 V 字区让脸部显小

色彩的反差通常可以将人们的视线转移，如果搭配妥当整体视觉会使人感到和谐。对于身材高大的人来说，最有效的办法是将西装、衬衣、领带的色彩亮度形成对比。西装选择偏暗、偏深的颜色，衬衣选择偏亮、偏浅的颜色，领带的颜色根据西装和衬衣的亮度进行调节，或暗或亮。

脸部较大、双下巴的人如果选择白色衬衣会增强衬衣颜色与肤色的差别，容易突显脸部。因而，衬衣的选择可以跟西装是同色系的偏亮或偏暗，或是带竖条纹的衬衣。

3. 直筒式的剪裁弥补腹部缺陷

收腰式的剪裁会格外突出啤酒肚和丰满的臀部，因而，要选择能够较好塑造腰形的直筒式裁剪。另外，肩部线条要选择自然或直线形设计，过于强调圆弧的剪裁则会突出多余的脂肪。

4. 西装和配件的颜色、亮度统一

当西装和配件的颜色、亮度统一时，就会给人爽朗利索的感觉。皮包可以选择稍微大一点的，如果较小较薄，会因为面积的对比而突出丰满的体形。线条笔直、棱角分明的提包比圆弧形提包更显得身材苗条。容易让肥胖男士忽略的地方就是皮带的选择，细皮带纵使看起来不错，但绝对不适合有啤酒肚困扰的男士，宽版的皮带自然会让视觉产生较佳的平衡。保持衣服的整齐及平整，对于身材肥胖的男士尤其重要，该扣的扣子就不应解开，有些人会刻意选择宽松的衣服来遮掩肥胖体型，其实这并非最佳的选择,因为这类的衣服很可能会让你看起来缺乏行动上的灵活感,这正是多数人对于肥胖体形的刻板印象,但合身的衣服却能有效地扭转这样的印象。

	颜色	花纹	样式
西装	偏暗、偏深	竖条纹	大翻领，肩线为自然型或直线型，腰部略带塑形的直筒式，两粒扣
衬衣	白色、偏亮、偏浅	素色或竖条纹	标准领、敞角领、半敞角领
领带	偏暗、偏深或鲜明的颜色	间隔较宽的竖条纹	领带前片大约宽9厘米，宜温莎结、半温莎结、双环结
配件	偏暗、偏深的颜色	无花纹	提包选择尺寸较大的，皮带选择较宽、简单不显眼的

第五章

不同场合的
领带搭配攻略

参加商务会议

参加商务活动，服饰语言是最具有表现力的了。使用颜色组合可以改变人们对你的印象。会议上有两种人：领导者和参与者。遵循以下的颜色原则会让你的穿着符合你的身份。

如果你主持会议，身为领导者，选择那些可以增加你的控制力和权威的颜色组合：深色的西装，浅色的衬衣，色差大的领带。

如果你仅仅是作为参与者参与讨论或策划会，你所穿的衣服颜色就不能彰显权威。相反，表示开放的颜色更适合你。

领导者

深色系：

西装：深海军蓝；衬衣：柔白；领带：勃艮第酒红。

浅色系：

西装：浅海军蓝；衬衣：象牙色；领带：天竺葵红。

深色系　　　　　　浅色系　　　　　　冷色系

冷色系：

西装：深海军蓝；衬衣：冰蓝；领带：偏蓝的红色。

暖色系：

西装：炭灰；衬衣：乳黄；领带：砖红色。

柔色系：

西装：炭灰；衬衣：象牙色；领带：葡萄酒色。

净色系：

西装：深海军蓝；衬衣：柔白；领带：猩红。

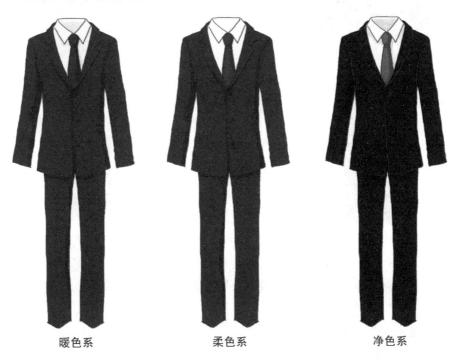

暖色系　　　　　　　　柔色系　　　　　　　　净色系

参与者

深色系：

西装：巧克力色；衬衣：灰褐色；领带：森林绿。

浅色系：

西装：铅锡色；衬衣：象牙白；领带：草绿。

冷色系：

西装：中灰；衬衣：浅灰；领带：炭灰。

暖色系：

西装：青铜色；衬衣：米灰；领带：赤褐色。

柔色系：

西装：炭灰蓝；衬衣：天蓝；领带：浅海军蓝。

净色系：

西装：炭灰；衬衣：象牙色；领带：矢车菊蓝。

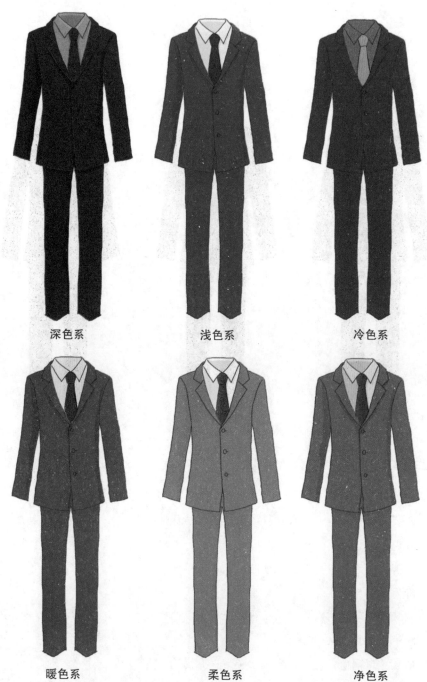

深色系　　　　　　浅色系　　　　　　冷色系

暖色系　　　　　　柔色系　　　　　　净色系

参加谈判与晚会

谈判

参加谈判，不妨利用自己服饰的色彩来推销自己，用服饰的颜色让周围人更好地接受自己。为了减少冲突，最好不要穿红色的服装。若要表现得理性些，蓝色为宜。若要表现得真诚，灰色调较佳。

下面为绅士们介绍几种万能搭法：

1. 海蓝色西装或灰色套装 + 正装衬衣 + 领带

法式正装衬衣：衬衣可以显示你对客户或对对手的尊重程度，当然还可以显示你的着装品位。建议购买免烫的法式衬衣，领子和袖口与衣身不同颜色，增加商务三角区的变化；另外，双折叠的袖口可以佩戴袖扣，不经意间显示卓越的品位。

缤纷领带：在千篇一律的商务着装领域，领带同样可以带给你不同凡响的效果。不同花色的领带也被赋予不同的韵味。何况，多带几条领带，你的行李不至于超重。需要注意的是，出行时，最好检查一下你的领带是否和衬衣颜色搭配。

咖啡色雕花皮鞋：相信正装皮鞋是每个商务男士出行的必备。建议选择雕花的牛津款式皮鞋，颜色最好是咖啡色的。纯正的牛津款鞋底较厚，鞋头尖度适中，咖啡色可以搭配黑色、灰色西裤，牛仔裤和卡其色棉布裤。

2. 深蓝色暗条纹全毛西装上衣 + 淡蓝色异色领法式衬衣 + 口袋巾 + 烟灰色全毛西裤 + 深蓝色印花领带

面对重要客户、谈判对手，你必须以完美的着装典范——深蓝色暗条纹双排扣西装，展现自信、庄重和品位。浅灰色的西裤也可以在旅途中穿。

3. 浅灰色或深蓝色暗格纹西装套装 + 两粒扣、条纹或细格纹衬衣 + 黄色针织领带 + 黄色口袋巾 + 深灰色皮鞋

如果商务谈判或者客户约见在高尔夫球场、餐厅或是其他比较轻松随意的场合，你可以选择一件海蓝色金扣西装上衣，配搭卡其色长裤，既不过分隆重，又可适应相对轻松的场合。

晚会

接到晚会通知，有些场合你会被要求戴"黑领带"。如果是非常正式的场合，就必须按照邀请函上写明的这种经典着装穿戴。如果活动不是那么重要，可以允许个性化一些。如果你没有晚礼服，你可以租一套或者穿上你颜色最深的西装，配上白色衬衣和深色领带。

外套礼服

黑色晚礼服：标准的黑色晚礼服的上装是不开衩的。

白色晚礼服：传统意义上，适合在露天晚会或是游艇上的聚会穿着。

倒三角形：尖领（单排或双排扣）。

长方形：三角凹口领（单排扣）。

圆形：披巾式衣领（单排扣）。

领带

如果着装规定是"黑领带"，你就应该戴黑色的领带。如果场合不太正式，你可以戴有色彩的丝质领带。

衬衣

衣领：标准领适合所有的人。翼形领最适合头颈较长的人，搭配单排扣、尖领的外套。领结应该打在翼形领领口前面，不要打在后面。

衬衣前襟：衬衣应该采用暗门襟或者允许露出两到三颗饰纽（数量一般视穿着者的身高决定）。礼服衬衣正面应该加固，避免穿着者在坐下时，衬衣鼓起来。一般打褶或凹凸绉（或加强棉）等装饰不应低至腰带。

袖口：传统的礼服衬衣通常都有双层（法式）袖口。

参加酒会、婚礼、庆典与葬礼

酒会

　　商务酒会的男士着装，不能太隆重，否则会有小题大做的感觉，反而显得见识太浅。如果你的身份不够明显，最好不要选择燕尾服，否则很有可能被认为是侍者。商务酒会的男士西装着装整体应该给人的感觉是半正式中略带一点职场气场，这会为你的第一印象加分。

　　能够使人脱颖而出的要数领带了。喜爱领带的男士可以用长方形的丝巾，系一个贵族风采的饰领结，将它的尾端放在衬衣的领口里面，衬衣的最上面两颗扣子是解开的。口袋巾和衬衣的颜色要协调或者互补。如果你选择套装西装，可以选择你平时很少穿的色彩亮丽的衬衣或领带，这样既不会显得太职场，又不会太跳跃活泼。

　　如果选择全身正装黑色西装，那么白色的高级缎质领带搭配白衬衣是最有时尚品味的选择。

　　如果想让人觉得你成熟可信、稳重踏实，那么，海军蓝或藏青色的西装单品是佳选，下面搭配法兰绒的灰色长裤，领带选用跟西装同色系的暖色系，这是古典主义的经典扮相。如果你想展现一下轻松清爽的感觉，那么把法兰绒改成卡其色长裤未曾不可。

　　参加酒会的鞋子一般是系带的正装黑色皮鞋，搭配上西装、领带、衬衣，时尚优雅稳重将尽情展现。

婚礼

　　男士们去参加婚礼也算是出席较为隆重的活动，穿着当然要合体。英国王室大婚之日，参加王室婚礼的男士穿着要求甚至比女士更严格，必须符合以下着装要求：制服、西装正装或晨间礼服。普通老百姓没有那么多王室规矩，但是参加别人的婚礼，

总要在大方得体的基础上充分显示出对新人婚礼的重视，当然也不能抢过新人的风头。

如果请柬上没有特别注明衣着要求的话，你大可以穿得比较随性。一般情况下，比较正式的着装在任何情况下都是安全牌，你可以选择款式比较年轻的修身单扣礼服搭配领结或款式比较特别的领带，或者选择款式比较成熟的灰色双扣西装，衬衣也以简洁大方为主，但要体现出应有的质感。

如果婚礼上只有你一个人戴领带，也可以摘下来放进口袋。敞开领口，使自己感到轻松。

庆典

参加庆典这样正式而隆重的场合，要保证整体的衣着搭配和谐完美。

庆典的气氛是热烈、庄严的，因此，在选择西装时，可以挑选黑色等深色系的中山装或西装套装。黑色的西装外套可以成为晚宴不变的主流。

白色衬衣是万能的选择。衬衣在选择时要注意，尽量选择纯棉面料的。因为经过精挑细选的棉花，在严格的生产监督下织成的面料，可以让成型后的全棉衬衣看起来就像丝质的一样，用来取代昂贵而又极易褶皱、变形的真丝最明智不过了。

一套做工精良的暗色西装，配以浅色为主的衬衣，搭配银灰、宝蓝、翠绿等与衬衣色彩协调的领带，如此，便可大方完美展现男人的本色。

葬礼

参加葬礼时，要注意服装礼仪。穿着以素净、庄重为原则。

殡葬的服装穿着没有过多花样，应穿着黑色西装、配白衬衣、黑领带、黑皮鞋以示尊重和哀悼。

第六章

不同职业的
领带搭配攻略

公关

公关人员是公司的窗口，因此在着装上，富有品味、亲切性、职业性、权威性和个人魅力的衣着搭配是十分重要的。

1. 显品位的搭配：米色西装＋蓝色衬衣＋柔和米色或柔和棕色格子图案领带。同属高明度的米色与蓝色作对比搭配，有整洁、醒目、轻松、愉快的视觉效果，使人仿佛置身于热带海岛的雪白沙滩面对蓝色的大海，心旷神怡。柔和米色或柔和棕色的加入构成活力、富有动感的跳跃色彩组合。格子图案则展示高贵、典雅的品味。

2. 易产生好感的搭配：灰色西装＋浅蓝色衬衣＋栗色领带。灰色与浅蓝色是无彩色与有彩色的搭配，浅蓝色在灰色的模糊色调衬托中显得生动、雅致、柔和、耐人寻味。属于暖色的栗色领带做小面积的点缀，更给人心头带来融融暖意。

3. 显权威感的搭配：深蓝色西装＋白色衬衣＋酱红色领带。

4. 显职业感的搭配：蓝黑色西装＋浅灰色衬衣＋斜纹领带。严谨、沉稳的蓝黑色，与富有时代感的浅灰色搭配，勾画出一个精明、干练、睿智的商界精英形象。斜纹图案的领带毫无疑问地告诉人们它的主人具有果敢、刚毅的魄力。

律师

律师是比较严谨的职业，因此服装的搭配也有自己的特色。

衬衣

衬衣是与西装配伍的重点，选择衬衣要注意其衣领、腰身、长度合身。与西装搭配的衬衣领型为方领，色彩为单一色，衬衣衣袖要露出西装袖口 2 厘米左右，以显出层次。衬衣衣领要高出西装衣领，以保护西装衣领并增加美感。不论在任何场合，衬衣的下摆必须塞进裤内，袖扣必须扣上。衬衣最好每天清洗，保持整洁而无褶皱，特别是领子和袖口要干净。律师的衬衣会稍显单一，一般为单色的，且不是很张扬的颜色。

领带

领带方面可配以沉稳的圆点，颜色以冷色系为主，且要讲求服装整体的协调性和统一性。

西装色彩与面料选择

色彩：律师的西装一般是单色的、深色的，以黑色、蓝色、灰色居多。

面料：一般是纯毛面料或者含毛比例较高的混纺面料。这样的面料悬垂、挺括，显得比较典雅、有档次且具有信任感。注意律师不宜选择细条纹西装，这样会给人不信任之感。

翻译

84

翻译穿衣的选择性比较小，通常来说，翻译的着装要与翻译对象保持一致，翻译对象穿着礼服的话，翻译也要穿礼服；翻译对象穿着西装时，翻译也需穿着西装；如果是陪外国朋友观光购物，就不用太正式，否则过于正规给人感情上的疏离感。

需要注意的是，不论哪种着装，翻译都不可抢去翻译对象的风头。

如果所选的服装需要系领带，那么，翻译宜选择单色领带，且整体的搭配应当体现沉稳和可信赖感。

对于翻译来说，备几条灰色、褐色、蓝色、白色的领带是必要的。通常翻译去的场所比较高档，因此，购买领带时要注意选择上等丝质、全棉或者羊毛的领带。

公务员

西装是世界上最为流行的一种国际性服装。它造型优美，做工讲究，是目前职场公认的共同着装。西装也成为了国家公务员正式场合的最佳着装选择。

男士公务员的着装应当合乎身份、场合，通过服装能够表现出庄重、朴素、大方之感。公务员的着装既不能过于刻板和严肃，也不能花哨抢眼。总的来说，给人沉稳踏实、亲切随和的着装是最为适宜的。

具体来说，公务员着装可以参照以下几点：

西装

色彩：一般是单色的、深色系的，主要以黑色、藏青色、墨绿色为主。面料：要求做工精细、质地上好，可选择纯毛或高级混纺。

领带

领带的选择要给人沉稳、踏实、亲切之感，一般领带的颜色与西装为同色系。

衬衣

衬衣要求整洁干净，忌花色衬衣，最为安全的要数白色或竖条纹的褐色。

销售人员

作为销售人员，给人好的第一印象十分重要，因此，宁可正式，不可太随意。

西装

颜色以黑色为主，最好是纯色，不要有条纹、格子等。款式选择经典西装套装，不要过于前卫，以背后不开叉款为宜。面料最好选择不易缩水的毛料套装。

衬衣

建议选用面料比较挺的白色长袖衬衣。

领带

建议采用传统条纹或几何图案的领带，并注意与西装、衬衣的颜色搭配。至于领带的长短，以刚刚超过腰际皮带为宜。最好不使用领带夹。

皮带

皮带的颜色以黑色为最好，皮带头不宜过大、过亮，也不要有很多的花纹和图案。

袜子

建议颜色以深色为好，且不要有明显的图案、花纹。不要穿白袜子，因为白袜子配黑鞋是很不专业的。另外，也不应该穿较透明的丝袜，同时还要注意袜子不宜过短，以免坐下时露出小腿。

公文包

建议使用不装电脑的电脑包，但是不宜过大。

发型

不宜留长发，保持头发整洁，记得刮胡子。

配饰

不宜佩戴耳环、项链、手链、手镯等饰品，可以戴手表。

第七章

增强气场的
领带配色方案

干劲十足的红色

色彩语言

热情有活力、积极有干劲、蕴含能力、充满希望、有领导力。

暖色调型

印泥般的朱红、橙红色

暖色调型的人，领带选用红色时，西装应选用接近黑色的深褐色，衬衣选择白色，其他配件则统一为深茶色。暖色调型肤色的人选择茶色会使人感觉很温润，但因为领带选用的是比较亮眼的红色，衬衣就不能选用茶色系的，否则会给人沉闷之感，且无法突出领带的红色。

冷色调型

墨水红、酒红、草莓红

冷色调型的人，要想搭配好红色可以选择墨黑色的西装和白色衬衣，其余的配件统一为黑色。通过经典的"黑白"背景衬托出领带的红色，可以给人干劲十足、勇于承担责任的印象。

暖色调型　　　　　　冷色调型

精力充沛的橙色

色彩语言

亲和、外向、善于社交、具有吸引力、容易亲近。

暖色调型

橙子、橘子、柿子的颜色

暖色调型的人，领带选用橙色时，西装选择藏青色，衬衣则选用白色，其他的配件统一为深茶色。通过整体部分的明暗对比，可以增强开朗、温和、精神十足的一面。如果藏青色的西装上有茶色的条纹或花纹，则会更好地衬托皮肤的亮泽和温润。

冷色调型

偏白的橙色、带有花纹的橙色

冷色调型的人，领带选用橙色时，西装选择藏青色；衬衣则是白色或淡蓝，其他配件统一为黑色。用蓝色衬托领带的橙色，会给人清爽知性的感觉，且会给人踏实沉稳的印象，最受领导者青睐。

暖色调型　　　　　冷色调型

积极阳光的黄色

色彩语言

充满智慧和好奇心、阳光风趣、信心十足、积极乐观。

暖色调型

芒果色、蛋黄色、芥末黄

暖色调型的人，领带选择黄色时，西装选用深灰色，衬衣可以选择白色或浅褐色，深茶色是其他配件的不二选择。领带、西装和衬衣上的花纹及配件选择茶色系，能够体现出整体的和谐性。

冷色调型

柠檬黄、葡萄柚黄

冷色调型的人，若想搭配好黄色的领带，最好配以藏青色西装，白色或浅蓝色衬衣，其他配件则统一为黑色。蓝色的颜色基调搭配黄色的领带，会增强黄色的感染力。

暖色调型　　　　　　冷色调型

稳重温和的绿色

色彩语言

具有活力、生命力、稳重温和、有协调能力。

暖色调型

卷心菜、橄榄、绿茶、蜜瓜皮一样的绿色

暖色调型的人，绿色的领带搭配深茶色西装、白色或浅茶色衬衣是最为得体的选择，当然不要忘了，配件要与西装统一为深茶色。茶色系不仅能够衬托肤质的色泽，还可以衬托领带的绿色，从而达到整体色彩的和谐统一。

冷色调型

墨绿色或祖母绿

冷色调型的人，领带选择绿色时，深灰色的西装，白色的衬衣是最恰当的选择，再搭配黑色的配件，能给人温和庄重的感觉。

暖色调型   冷色调型

冷静清爽的蓝色

色彩语言

踏实沉稳、清爽干净、冷静沉着。

暖色调型

蓝绿色或带有花纹的水蓝色、宝石蓝

暖色调型的人，要想穿出干净清爽的感觉，选择蓝色的西装和领带以及白色衬衣是最恰当的了，如果将领带上的茶色系花纹搭配深茶色的配件，则能够很好地提升品位。

冷色调型

水蓝色、海军蓝、宝蓝色

冷色调型的人，领带选用蓝色或蓝白色的斜纹，西装配以深蓝色，衬衣为白色或浅蓝色，其他配件统一选择黑色。深浅不同的蓝色不仅能够净化身心，容易使人产生好感，还能够提升品位。值得注意的是，领带的花纹中要有适合蓝色的白色以及配件所含的黑色。

暖色调型　　　　　　冷色调型

威严好胜的黑色

色彩语言

坚强、静寂、时髦、可怕、威严、自我中心。

暖色调型

接近茶色的黑色，黑色＋茶色的花纹

暖色调型的人，衬衣选用白色和茶色的花纹，西装和领带则选用黑色和茶色花纹的颜色。茶色是相对的暖色调，不仅能够调节整体的色调，还能够衬托肤色，帮助给人留下好印象。

冷色调型

墨黑色

冷色调型的人，西装选用带有灰色条纹的墨黑色，衬衣白色，领带则是黑白灰的图案搭配，其他配件统一为黑色。为避免整体黑色过暗，使用白色、灰色来调节是十分必要的。

暖色调型　　　　　冷色调型

完美主义的白色

色彩语言

纯洁、和平、真实、充满灵性、纯粹、完美主义。

暖色调型

粉白、泛黄的白色、纯白＋浅茶色花纹

暖色调型的人，领带的底色和衬衣可以为纯白色，领带的花纹、西装和其他配件为茶色系。通过各种颜色的搭配会给人这白色就是你用心要突出的重点。

冷色调型

纯白、泛蓝的白色、泛灰的白色

冷色调型的人，衬衣和领带选用白色，西装选用藏青色或海军蓝，其他配件统一为黑色，会给人清爽洁净的感觉。衬衣选择白素色，领带的白色和花纹的蓝色、灰色可按照9∶1为搭配原则，这能完美体现出穿衣者的独特品味。

暖色调型   冷色调型

雅致保守的灰色

色彩语言

雅致、质朴、暧昧、中性、孤独、认真、保守。

暖色调型

带有茶色的灰色、偏绿的灰色、灰色搭配茶色花纹

暖色调型的人，要想搭配好灰色领带，西装和领带上的茶色花纹是必不可少的，其他配件则统一为深茶色。

冷色调型

经典灰色、偏蓝的灰色

冷色调型的人，西装、衬衣、领带用深浅不一的灰色进行搭配，其他配件统一选用黑色。不过，当全身的颜色均为灰色时，花纹的点缀就尤为重要，也是体现品位的关键所在。因此，要注重西装和领带的暗花纹。

暖色调型　　　　　　冷色调型

踏实温厚的茶色

色彩语言

诚实、安定、平稳、收敛、融洽、讲究、沉静、洗练。

暖色调型

大地的颜色、树木的茶色

暖色调型的人，领带、西装可先用深浅不一的茶色进行搭配，衬衣则为白色或略带茶色的白色。值得注意的是，整体的茶色虽然会有出色的表现，但是缺少时尚感和动感，因而，花纹的调节是决定品位的关键。

冷色调型

泛红的茶色、泛紫的茶色、近似黑色的茶色

冷色调型的人，领带选用茶色或带茶色的花纹，衬衣则为白色，西装可选用茶色或者黑色的花纹。其他配件统一为黑色。

暖色调型　　　　　冷色调型

时尚神秘的紫色

色彩语言

感性神秘、时尚潮流、多愁善感、成长、力量。

暖色调型

葡萄色、紫红色、深紫色

暖色调型的人，领带选择紫色时，可用深灰色的西装和彩色的衬衣以及深茶色的配件进行搭配对比。如此，不仅能够衬托出干净明朗的肤色，还能体现独特的男性魅力。

冷色调型

紫罗兰、菖蒲色、薰衣草色

冷色调型的人，领带和衬衣选用紫色花纹，西装最好选择海军蓝、藏青色，其他配件则统一为黑色。紫色是能够显现高贵与魅力的颜色，因此，在视线容易集中的 V 部位用紫色做深浅搭配，能够很好地提高表现力和特殊品位。

暖色调型　　　　　冷色调型

亲切细腻的粉色

色彩语言

可爱、温柔、浪漫、真实、细腻。

暖色调型

淡红色、珊瑚红、略带橙色的粉红

暖色调型的人，领带选用粉红色时，衬衣可选白色，西装则推荐驼色，配件统一为深茶色。另外选择黑色配以茶色花纹的西装搭配粉红色领带也能体现出时尚亲切的气质。

冷色调型

淡粉色、玫瑰粉

冷色调型的人，领带选用粉色，西装则选择灰色或银灰色，衬衣为白色，其他配件统一选用黑色。灰色系与粉色搭配能够很好地调节肤色与服色的明暗对比，营造出温柔的气氛，增强亲和力和表现力。

暖色调型　　　　　　冷色调型

崇尚自然的米色

99

色彩语言

淳朴、温暖、崇尚自然、含蓄优雅。

暖色调型

偏黄的米色、驼色

暖色调型的人，选择米色的领带时可以搭配米色西装或茶色的西装、白色与浅褐色相间的衬衣以及深褐色的配件会显得诚恳亲切。

冷色调型

米色、粉褐色、灰褐色

冷色调型的人，领带的底色为粉褐色，或与褐色相配的花色，衬衣选择白色，西装为灰色，其他配饰均为黑色，一个清爽自然、风度优雅的绅士便诞生了。

暖色调型　　　　　　　冷色调型

男士一周的着装搭配计划

一般情况下，我们穿什么都是看心情，喜欢哪个颜色就穿哪个颜色，或者随便抓起哪件就是哪件。不出门的话，怎么穿都行，但如果要出门，这样的胡乱搭配不仅很难穿出品位，还会导致笑话。如果能够提前做好准备，那么就不用担心会出现这样的问题。看着着装得体的自己，工作的劲头也会十足，最直接有效的做法就是，周末的时候对照下周的时间安排表，根据工作的内容和场合，制订着装搭配计划。如果做不到，那么，在冬夏换季的时候搭配好七种穿衣模式，反复轮换也可以。每周工作五天，而又准备了七种穿衣模式，那么就不用担心会穿重复了。

根据色彩搭配原则，编者制作了一个穿衣搭配的表格，读者可以根据自己的情况做出选择。

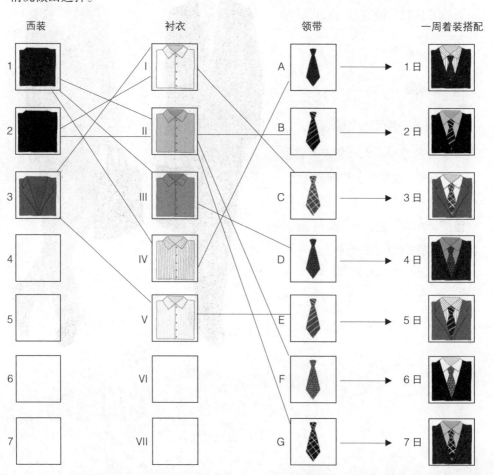

第八章
领带的清洗与保养

领带的清洗

领带分有多种材质，清洗领带时要根据领带上的标签选择洗法。通常来说，领带的洗法包括干洗、水洗、刷洗。

干洗领带时，可取药棉球蘸少许酒精或汽油，轻轻擦拭，除去污迹，然后垫上一块湿白布，用电熨斗熨烫。熨烫时的温度要由领带的材质来决定。丝绸熨烫温度不可过高（70℃以下），化纤织物的温度可高一些（170℃以下）。

用水洗领带时，可将领带先放进30℃左右的肥皂水中浸泡1~3分钟，用毛刷轻轻顺着纹路刷洗，不可用力硬刷，也不可任意揉搓，刷洗完要用同肥皂水一样温度的清水漂洗干净，之后再进行熨烫。

刷洗领带时，可用胶版纸或薄层胶合板按领带的尺寸做一个模型，把领带套在模型上面，用软毛刷蘸上洗涤剂对领带进行轻轻刷洗，然后再用清水刷洗干净。洗完后晾一会儿，便可衬上一块白湿布用熨斗熨平，然后取下模型。如此，领带不仅不会变形，而且平整如新。

对于领带上容易粘上的几种顽固的污渍，为大家介绍几个小窍门：

1. 除印油渍：用肥皂和汽油的混合液（不含水）涂在污渍上，轻轻搓洗，使其溶解脱落，再用肥皂水洗涤，用清水漂净。若经过肥皂洗涤，油脂已除，颜色尚在，应作褪色处理。要用漂白粉或保险粉（用于真丝领带）来消除颜色渍。

2. 除血、奶迹：胡萝卜研碎拌上盐，涂在沾有血、奶渍的领带上轻轻揉搓，再用清水漂净。

3. 除茶、咖啡渍：如果领带上洒上咖啡或茶水，立即脱下用热水搓洗，便可洗干净。如果污渍已干，那就要用较复杂的办法洗涤了。用甘油和蛋黄的混合溶液涂拭污渍处，待稍干后，再用清水洗涤即可。

领带的熨烫

领带的质地不同，熨烫方法也不尽相同，但也存在通用的技巧：

1. 熨烫毛料领带时，应先喷些水，再在上面垫上一块干白布。

2. 丝质领带大多表面是丝绸，里衬则是细布和细麻质，建议用70℃左右的温度进行熨烫，而且熨烫的速度要快。

3. 如果要熨烫出平整挺括的领带，可以事先将一条剪成领带的硬纸板塞入领带的里衬部分，再轻轻熨烫。这样领带反面的开缝痕迹就不会跑到前面去了，而且也可以防止将各条边熨得太死，进而失去原来的挺括感。

4. 切勿让热蒸汽直接喷到领带上，因为某些材质遇热后会变皱，比如丝绸。

领带的晾晒

领带晾晒时要用薄海绵垫住夹口，避免真丝面料走形、起皱。

领带的存放

领带不可在阳光下暴晒，以防泛黄走色。存放领带要保持干燥，不要放樟脑丸防蛀。

在收藏时，最好先熨烫一下，以达到杀虫灭菌防蛀的目的。领带最好用衣架挂起，罩一布袋，以防止灰尘。领带非常怕皱，因此不容易收纳，但全部挂起来又会占太多的地方。可以准备一个较浅的抽屉，然后将领带卷起来存放——先将领带对折，正面朝下铺平，然后从头部向尾部卷成一个卷，再挨个放在抽屉里，这样既整齐又便于挑选。

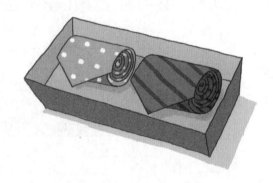

领带的日常保养

高档领带多以天然丝及人造丝制成，多用几次就容易变形，此时要格外注意保养。中、低档印花领带因色料较差，其图案、颜色也容易因洗涤或浸泡出现相互渗透、交错而导致染色。基于以上特点，使用领带要注意以下几点：

1.使用后请即时解开领结，并轻轻从结口解下，避免用力拉扯表布及衬，以免纤维断裂造成永久性皱折。

2.每次戴完结口解开后，将领带对折平放或用领带架吊起来，并留意放置处是否平滑以免刮伤领带。

3.开车系上安全带时，勿将领带绑在安全带里面，以免产生皱折。若不慎压出褶皱，可在褶皱上喷少许水，吹干即可。

4.同一条领带戴完一次后，隔几天后再戴，并先将领带放置于潮湿的地方或喷少许水，使其皱折处恢复原状后，再收至干燥处平放或吊立。

5.沾染污垢后，立即干洗，处理结上褶皱以蒸汽熨斗低温烫平。水洗及高温熨烫容易造成变形而受损。

第九章
男士围巾的
系法与搭配

关于男士围巾

男士围巾款式分类

如今，围巾早已不再是女性的专属品，它也是男士服装中不可或缺的点缀。流苏围巾、碎花领巾，甚至女性色彩鲜明的飘逸长带丝巾，都成为男性时尚中越来越重要的元素之一。

男士围巾主要有以下几种款式：

双面围巾。双面围巾的制胜法宝首先是在质地上。近些年的男士围巾中出现了一种十分特别的由羊绒和丝绸混纺的材质，一面是羊绒的温暖柔和，一面是丝绸的光亮细腻，随意围在颈间，低调中就能显出品质。而出席商务场合，百搭低调的净色和深沉暗纹都会在不张扬中显出个人的品位。

英伦格子围巾。英伦格子风不仅在女装中盛行，在男装中也很流行。彩色千鸟格围巾，简单的白色条纹 T 恤，蓝黑色的马甲，白色的帽子尽情展现着青春的活力。格子围巾属于百搭款式，搭配简单的棕色棉布衬衣，日式风格马上展现，点亮着装新风尚。

又长又厚实的毛围脖。它能将你的颈部团团围住，不仅让你温度飙升，整个造型也帅气很多。

黑色围脖。黑色围脖给人很厚实的感觉，层叠的围法让平淡的装扮很有层次感。外搭浅色的粗针毛衣，简单而时尚，无论是逛街还是约会都是很亮眼的装扮。

双面围巾   英伦格子围巾   毛围脖

黑色围脖

毛线围巾

107

细长的毛线围巾。V 领 T 恤搭配牛仔裤，如果还想要更帅一点儿，就搭配一条长长的围巾好了。上身的全部黑色不但不会黯淡，反而增加了几分神秘。

男士如何选择围巾款式

围巾的款式颜色众多，如何选择适合自己的围巾呢？下面为大家介绍几种方法：

1. 身材短小且胖，特别是上身粗壮的男性宜选用花样单纯、颜色较深、色调单一的宽松类针织围巾或丝绸围巾，因为深色有使人缩小视觉感起到收敛的作用。

2. 身材瘦小的朋友宜选用花型款式简洁朴素、素淡雅致的围巾，但色彩应选用暖色调的。

3. 肩窄或溜肩的人，选用加长型围巾，将围巾两端斜搭在肩部向身后垂挂，视觉上会使肩部相对变得宽厚些。

4. 皮肤较黑的人不宜选用浅色调的围巾，中性色偏深为好，而皮肤较白的人宜选较柔和色调的围巾。

5. 脖颈较长的人，男性可以选用加厚加长的围巾，以便围脖子和搭肩，这样会使脖颈显短。

基础系法

单环结

步骤：

1.将选好的围巾折成长条状，将折好的围巾挂在颈上。

2.两端交叉。

3.长的一端自下向上绕过短的一端。

4.从中区域穿出。

5.调整好位置即可。

适合领型：圆领、高领、V领、衬衣领。

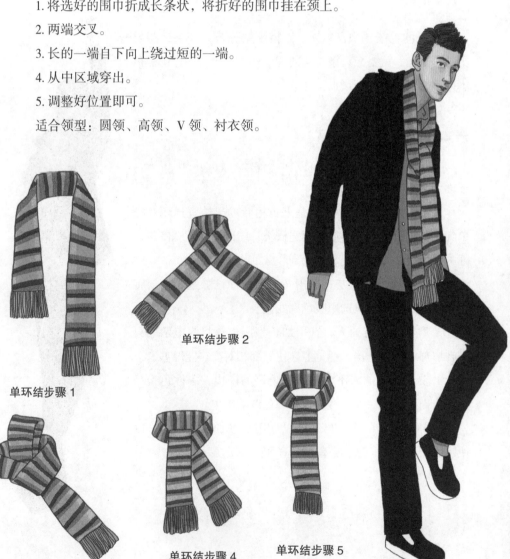

单环结步骤 2

单环结步骤 1

单环结步骤 4　　单环结步骤 5

单环结步骤 3

领带结

步骤：

1. 将围巾折成长条状，挂在颈上。

2. 将短的一端压住长的一端。

3. 将长的一端由下而上绕过短的一端，且往后由中区域穿出。

4. 再放进交叉的环内，将围巾从空隙中穿出。

适合领型：圆领、高领、V领、衬衣领。

领带结步骤 1

领带结步骤 2

领带结步骤 3

领带结步骤 4

校园结

步骤：

1. 将围巾对折后挂于颈上。

2. 把围巾的两个尾端穿过折环。

3. 再将两个尾端往反方向拉并披于肩上。

4. 将尾端收进侧里整理好即可。

适合领型：圆领、高领、V 领、衬衣领。

110

校园结步骤 1

校园结步骤 2

校园结步骤 3

校园结步骤 4

单耳结

步骤：

1.将长围巾挂于颈上，一边长一边短。

2.两端交叉在颈前打一个单结。

3.将长的一端折成单耳状并拉紧短的一端。

4.整理成一个单耳的蝴蝶结即可。

适合领型：圆领、高领、V领、衬衣领。

小点拨：

此系法适宜与款式简单的衣服搭配，比较适合较薄的围巾，整理的时候要注意避免结耳显得厚重。

单耳结步骤 1

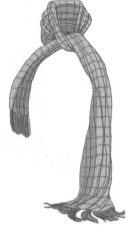

单耳结步骤 2

单耳结步骤 3

单耳结步骤 4

单环交叉结

步骤：

1. 将选好的围巾两端对折后挂于颈上。

2. 将一端由上而下穿过折环里。

3. 另一端则由下而上穿过。

4. 整理好形状即可定型。

适合领型：圆领、高领、V领、衬衣领。

单环交叉结步骤1

单环交叉结步骤2

单环交叉结步骤3

单环交叉结步骤4

人气侧单结

步骤：

1. 将长围巾挂于颈上，调整成一边长一边短。

2. 将短的一端压住长的一端。

3. 将围巾交叉在身体侧面打一个单结。

4. 调整好结的形状即可（可将围巾的两端分别置于身体前后）。

适合领型：圆领、高领、V 领、衬衣领。

人气侧单结步骤 1

人气侧单结步骤 2

人气侧单结步骤 3

人气侧单结步骤 4

双层侧领结

步骤：

1. 将围巾挂在脖子上，调整成一边长一边短。

2. 将长的一端围着脖子绕一圈。

3. 将围巾的两端在身体侧面打一个单结。

4. 整理好形状即可。

适合领型：圆领、高领、V领、衬衣领。

双层侧领结步骤 1

双层侧领结步骤 2

双层侧领结步骤 3

双层侧领结步骤 4

单层十字结

简洁的单层十字结给人随意大方的感觉。

步骤：

1. 将选好的围巾对折成长条状。

2. 把折好的围巾挂在颈上，调整成一边长一边短。

3. 把长的一端搭到另一侧的肩上，将尾端置于身后。

小点拨：

此种打法适合比较宽的围巾。

适合领型：圆领、高领、V 领、衬衣领。

单层十字结步骤 1

单层十字结步骤 2

单层十字结步骤 3

双层十字结

步骤：

1.将围巾折成适当宽度挂于颈上，调整成一边长一边短。

2.将长的一端宽松地围着脖子绕一圈。

3.将绕回到前面的一端自下而上地套入结好的环，但不要拉出来。

4.再把另一端从结好的环内穿过。

5.整理好围巾的形状。

适合领型：圆领、高领、V领、衬衣领。

双层十字结步骤 1

双层十字结步骤 2

双层十字结步骤 3

双层十字结步骤 4

双层十字结步骤 5

时尚系法

双搭结

步骤：

1.将细长的围巾挂于颈上，调整成一边长一边短。

2.将长的一端向脖后绕。

3.将长的一端宽松地围着脖子绕一圈。

4.将刚才绕的那端绕至身侧披于肩后。调整前面的两个圈，第二次的较第一次的大一些。

适合领型：圆领、高领、V 领、衬衣领。

双搭结步骤 1　　　　双搭结步骤 2

双搭结步骤 3　　　　双搭结步骤 4

牛仔结

步骤：

1. 将方巾中心位提起打一个小结，也可用橡皮筋扎住。

2. 将方巾对角拿起，倒挂在脖子上。

3. 拿起对角的两端在颈后打结。

4. 再次打结以固定。

5. 调整好颈前的褶皱效果即可。

适合领型：圆领、高领、V 领、衬衣领。

小点拨：

打结固定前应注意褶皱的形状，可根据个人体形来
调整 V 字领的高低。

118

牛仔结步骤 1

牛仔结步骤 2

牛仔结步骤 3

牛仔结步骤 4

牛仔结步骤 5

耳套结

耳套结给人厚重的感觉，适合高高大大的男生。

步骤：

1. 选择一条合适的围巾。

2. 把围巾折成长条状，再两端对折，挂于颈上。

3. 将分开的两端套入折环里，按舒适度调整好即可。

适合领型：圆领、高领、V 领、衬衣领。

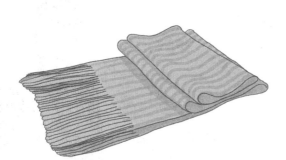

耳套结步骤 1

耳套结步骤 2

耳套结步骤 3

双扣结

步骤：

1. 将折成适当宽度的围巾挂于颈上，调整成一边长一边短。

2. 将较长的一端向后绕。

3. 将较长的一端宽松地围着脖子绕一圈。

4. 将短的一圈在绕好的圈里打一个单耳扣，另一端穿过单耳扣。

5. 调整好结的形状即可。

适合领型：圆领、高领、V领、衬衣领。

双扣结步骤1

双扣结步骤2

双扣结步骤3

双扣结步骤4

双扣结步骤5

双层缠绕结

步骤：

1. 将两条颜色搭配和谐的长围巾扭成麻花状，挂于颈上，调整成一边长一边短。

2. 将长的一端绕脖子一圈。

3. 在胸前打一个单结即可。

适合领型：圆领、高领、V领、衬衣领。

双层缠绕结步骤1

双层缠绕结步骤2

双层缠绕结步骤3

创意套舌结

步骤：

1. 选择一条长围巾。

2. 将围巾折成长条状，挂在脖子上，一边长一边短。

3. 将长的一端交叉穿入中区域。

4. 穿入中区域的一端不要拿出，留一部分重叠，整理。

适合领型：圆领、高领、V 领、衬衣领。

小点拨：

打创意套舌结要注意的是，围巾最好不要太厚，不然前面一部分不能自然地垂下来，真的变成"舌头"横在胸前了。如果围巾长的话，就把那条"舌头"拖长一些。这种打法比较适合活泼可爱的人。

创意套舌结步骤 1

创意套舌结步骤 2

创意套舌结步骤 3

创意套舌结步骤 4

三角巾交叉结

步骤：

1.将两条颜色搭配和谐的三角巾打结连接，挂在颈上，结放在脖子后面。

2.把其中的一端围着脖子绕一圈。

3.将另一端也绕过脖子并搭于肩上，整理好褶皱即可。

适合领型：圆领、高领、V领、衬衣领。

三角巾交叉结步骤 1

三角巾交叉结步骤 2

三角巾交叉结步骤 3

男士围巾的搭配

经典搭配

对于男士来说，围巾配衬衣是比较奢华雅致的，追求有型帅气的话还可以搭配上鸭舌帽。带有欧陆风格花色图案的纯毛围巾，例如带有千鸟纹、人字纹、苏格兰纹等的围巾，一般与单件的休闲西装相配，这样围起来有层次感。

男士围巾以往一般很少搭配帽子，但如今的男士围巾却与休闲的礼帽结下不解之缘。小礼帽、修身衬衣、英伦风收腿裤，再以一条对比底色碎花纹方巾束于颈间，高贵优雅的现代都市王子从头到脚都那么迷人。

有彩色搭配

同类色

同类色搭配有一种和谐的美，容易产生出唯美的风格。

对比色

对比色搭配给人强烈的视觉冲击，即使是用暖色与冷色去体现对比，只要运用的好，一样会有独特的感觉。

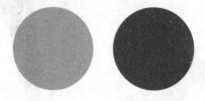

无彩色搭配

无彩色搭配既黑白灰三种单色围巾。无彩色的搭配，是个性、整洁、干练的代名词，虽然略显单调，却深为人们所喜爱。并且，如果将无彩色围巾巧妙地搭配其他的有色彩服装或配饰，则可以避免单调、沉闷。

黑白灰是永恒
的经典搭配。

三色搭配

三色配色法可细分为下列三项：

1. 同一基调，相同色相搭配

2. 不同色相，相同基调搭配

3. 不同色相，相同基调，加上中性色彩的搭配

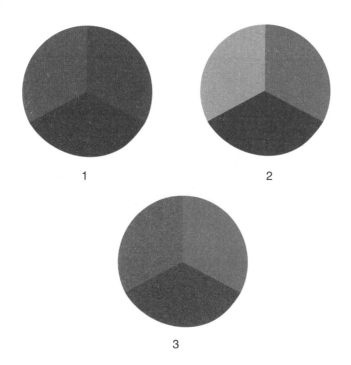

长围巾搭配法则

长围巾有很多的搭配方式。比如穿无领衣服时，可将长围巾在脖子处绕上一圈，一前一后使围巾自然垂下。或是在白色衬衣上系一个红领巾结的长围巾，显得帅气而干练。比较休闲的大衣搭配长围巾也能够展现时尚优雅的气质。

随意搭配法则

一条纯色长及膝盖的围巾很有性格，穿上长外套和牛仔裤，可随意地将围巾披于前后肩，让围巾上的流苏肆意舞动，潇洒自在。穿无袖的毛背心或 V 字领衣服时，同样可以搭配长围巾，会搭配出不一样的风格。

混合搭配法则

穿着一件整洁的衬衣以及亮皮皮鞋，整体呈现出优雅男性的风范。若配以粗织的羊毛围巾，形成一个强烈的对比碰撞，会产生一种出位的视觉效果。

帅性搭配原则

一位年轻男士身着一身帅性的外套，在脖颈处缠绕几圈用长细毛线编织的围巾，有种知性美，同时散发出温暖的感觉。

附录　领带精品展示

巴贝 BABEI

产地：浙江

创始时间：1993 年

核心产品：领带

产品系列：以高档领带为龙头，装饰面料、家纺面料及成品、服饰、品牌经营相融合的集团型经营格局。

产品特点：巴贝领带主要有古典领带、时尚领带、优雅领带、纳米领带等，彰显丰满华丽、时尚多变、稳健高贵。

俊仕 Gent'S

产地：浙江

创始时间：1985 年

核心产品：领带

产品特征：主要有对比色彩强烈、工艺独特的"时尚俊仕"；个性与激情的"摩

登俊仕"，率性直爽的"色彩俊仕"，奔放妩媚的"炫丽俊仕"，突出文化底蕴和高尚气质的"完美俊仕"。

麦地郎 McDearm

产地：浙江

创始时间：1997 年

核心产品：领带

产品特征：英文名为"my dear"，既符合西方文化，又充满东方神韵，彰显其国际化视野。麦地郎领带色泽亮丽，个性与时尚、沉稳与从容兼备，还体现了自信高贵、睿智洒脱的气质。

金利来 Goldlion

产地：香港

创始时间：1990

产品系列：包括衬衣、T 恤、西装、裤装、毛衣、领带、皮包、皮箱、小皮件、皮带、五金饰物、内裤、袜子、皮鞋、拖鞋、珠宝等。

产品特征：金利来遵循"时尚、健康、自由、个性、轻松"的穿着理念，在风格、面料、颜色、款式上作出大胆创新，提供创意无限的时尚新品。其中，尤其以经典、都市生活、旅行等充满国际时尚流行元素的三大系列，大行其道，受到大多数白领和成功人士的喜爱。其设计的领带更是为追求时尚自由、舒适便捷的人们所喜爱。

雅戈尔 YOUNGOR

产地：浙江

创始时间：1979 年

产品系列：包括衬衣、西装、西裤、茄克、领带和 T 恤六个中国名牌产品。

产品特征：公司产品以国际商务、行政公务、商务休闲系列为主体，形成了成熟自信、稳重内敛的品牌特色。

登喜路 Dunhill

产地：英国

创始时间：1893 年

产品系列：服饰、饰品、香烟、打火机、香水。

产品特征：为满足鉴赏家们的挑剔品味，日益增多的外出旅行需求，登喜路制作出一系列抗皱和恢复能力极佳的天然高捻布料，并且产品强调传统与现代相结合，富有绅士味道。

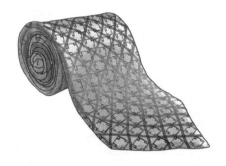